高等学校教材

仪器分析实验

（第2版）

王宗廷　于剑峰　主编

山东·青岛

图书在版编目(CIP)数据

仪器分析实验/王宗廷,于剑峰主编. —2版. —东营:中国石油大学出版社,2016.10(2021.7重印)
ISBN 978-7-5636-5389-8

Ⅰ. ①仪… Ⅱ. ①王… ②于… Ⅲ. ①仪器分析—实验 Ⅳ. ①O657-33

中国版本图书馆 CIP 数据核字(2016)第 251708 号

中国石油大学(华东)规划教材

书　　名:仪器分析实验
　　　　　YIQI FENXI SHIYAN
主　　编:王宗廷　于剑峰
责任编辑:高　颖(电话　0532—86983568)
封面设计:赵志勇
出 版 者:中国石油大学出版社
　　　　　(地址:山东省青岛市黄岛区长江西路66号　邮编:266580)
网　　址:http://cbs.upc.edu.cn
电子邮箱:shiyoujiaoyu@126.com
排 版 者:青岛天舒常青文化传媒有限公司
印 刷 者:沂南县汶凤印刷有限公司
发 行 者:中国石油大学出版社(电话　0532—86981531,86983437)
开　　本:787 mm×1 092 mm　1/16
印　　张:8.75
字　　数:205 千字
版 印 次:2016 年 11 月第 2 版　2021 年 7 月第 2 次印刷
书　　号:ISBN 978-7-5636-5389-8
定　　价:22.00 元

前言

"仪器分析实验"是"仪器分析"课程的重要组成部分。通过本课程的学习，使学生加深对仪器分析各方法的基本理论和工作原理的理解，正确和较熟练地掌握各种仪器的操作方法，学会利用仪器开展具体样品的分析测试方法，使学生了解仪器分析的优势和不足，以便革新仪器与方法，甚至创新仪器与方法，以满足更简便、更灵敏、更准确的分析测试要求，为今后的学习和科研工作打下良好的基础。

本教材是作者在刘文钦、袁存光两位教授主编的，于1993年11月出版的《仪器分析实验》及多年教学经验的基础上，结合本校新的实验教学大纲，并参考国内外先进经验编写而成的。实验内容包括电导分析法、电位分析法、库仑分析法、极谱与伏安分析法、紫外及可见吸收光谱法、红外光谱法、分子荧光光谱法、原子发射光谱法、原子吸收光谱法、气相色谱分析法等，共36个实验项目，供使用者参考和选择。

本书由王宗廷、于剑峰主编，参与本书编写的还有袁存光、孔庆池、卢玉坤、王芳、张丙华、崔炳文、唐仕明等仪器分析实验教学一线的教师。

限于编者水平，书中错误和纰漏之处难以避免，敬请各位读者不吝指正。

编　者

2016年1月

目录

第 1 章　仪器分析实验指导 ·· 1
　1.1　实验须知 ··· 1
　1.2　测量值的读数 ··· 1
　1.3　实验数据及分析结果的表达 ··· 2

第 2 章　电导分析法 ·· 4
　2.1　方法原理 ··· 4
　2.2　电导率测定仪 ··· 5
　2.3　实验项目 ··· 6
　　实验 2-1　直接电导法测定水的纯度 ··· 6
　　实验 2-2　电导滴定法测定未知酸的浓度 ··· 8

第 3 章　电位分析法 ··· 11
　3.1　方法原理 ··· 11
　3.2　pHS-3C 型数字酸度计 ·· 12
　3.3　电　极 ·· 13
　3.4　实验项目 ··· 15
　　实验 3-1　电位滴定法连续测定碘、氯混合液中 I^- 和 Cl^- 的浓度 ················· 15
　　实验 3-2　氯离子选择性电极性能的测试和 Cl^- 浓度的测定 ···························· 17
　　实验 3-3　电位滴定法测定醋酸的离解常数及浓度 ·· 22
　　实验 3-4　直接电位法——用氟离子选择性电极测定水中微量氟 ······················ 24

第 4 章　库仑分析法 ··· 28
　4.1　方法原理 ··· 28
　4.2　库仑滴定分析仪 ·· 28
　4.3　实验项目 ··· 30

  实验 4-1 恒电流库仑滴定法测定 $Na_2S_2O_3$ 溶液的浓度 …………………… 30
  实验 4-2 恒电流库仑滴定法测定砷含量 …………………………………… 33

第 5 章 极谱与伏安分析法 ……………………………………………………… 36
 5.1 方法原理 ……………………………………………………………………… 36
 5.2 近代极谱法与伏安法 ………………………………………………………… 37
 5.3 极谱仪与伏安分析仪 ………………………………………………………… 38
 5.4 极谱分析实验的准备工作 …………………………………………………… 40
 5.5 实验项目 ……………………………………………………………………… 41
  实验 5-1 极谱干扰电流的消除和半波电位特性 ………………………… 41
  实验 5-2 极谱法测定水中微量镉含量 …………………………………… 46
  实验 5-3 阳极溶出伏安法测定水中镉含量 ……………………………… 49
  实验 5-4 极谱法测定配合物的配位数和稳定常数 ………………………… 51
  实验 5-5 循环伏安法判断电极过程可逆性 ……………………………… 54

第 6 章 紫外及可见吸收光谱法 …………………………………………………… 56
 6.1 方法原理 ……………………………………………………………………… 56
 6.2 紫外及可见分光光度计 ……………………………………………………… 57
 6.3 实验项目 ……………………………………………………………………… 58
  实验 6-1 分光光度法测定 V-PAR-H_2O_2 三元配合物的组成比 …………… 58
  实验 6-2 不同溶剂中丙酮或异丙叉丙酮紫外光谱图的测绘 ……………… 61
  实验 6-3 紫外双波长等吸收法测定苯酚和对氯苯酚含量 ………………… 62
  实验 6-4 甲基橙离解常数的测定 ………………………………………… 64
  实验 6-5 导数分光光度法测定有丙酮干扰时乙醇中的微量苯 ………… 66
  实验 6-6 分光光度法测定水中微量铁含量 ……………………………… 69

第 7 章 红外光谱法 …………………………………………………………………… 72
 7.1 方法原理 ……………………………………………………………………… 72
 7.2 红外光谱仪 …………………………………………………………………… 73
 7.3 实验项目 ……………………………………………………………………… 78
  实验 7-1 液体样品红外光谱的测绘与解析 ……………………………… 78
  实验 7-2 固体样品红外光谱的测绘与解析 ……………………………… 80
  实验 7-3 固体表面内反射光谱的测定 ………………………………… 81
  实验 7-4 高散射粉末样品漫反射光谱的测定 …………………………… 82

第 8 章 原子发射光谱法 …………………………………………………………… 83
 8.1 方法原理 ……………………………………………………………………… 83
 8.2 发射光谱仪 …………………………………………………………………… 84
 8.3 实验项目 ……………………………………………………………………… 90

实验 8-1　发射光谱定性分析 ……………………………………………………… 90
　　实验 8-2　ICP 光谱法测定饮用水中的总硅 …………………………………… 98

第 9 章　原子吸收光谱法 …………………………………………………………… 100
9.1　方法原理 …………………………………………………………………………… 100
9.2　原子吸收光谱仪 …………………………………………………………………… 101
9.3　实验项目 …………………………………………………………………………… 104
　　实验 9-1　原子吸收分析的灵敏度和检测极限的测定 …………………………… 104
　　实验 9-2　原子吸收光谱法测定水中的钙 ………………………………………… 105
　　实验 9-3　火焰原子吸收光谱法测定钙时磷酸根的干扰和消除 ………………… 108
　　实验 9-4　无火焰原子吸收光谱法测定人体指甲中的铜及其
　　　　　　最佳条件的选择 ……………………………………………………………… 110

第 10 章　分子荧光光谱法 …………………………………………………………… 113
10.1　方法原理 ………………………………………………………………………… 113
10.2　分子荧光分光光度计 …………………………………………………………… 114
10.3　实验项目 ………………………………………………………………………… 115
　　实验 10-1　芘的荧光光谱测定 …………………………………………………… 115
　　实验 10-2　分子荧光标准曲线法定量测定荧光素钠 …………………………… 116

第 11 章　气相色谱分析法 …………………………………………………………… 119
11.1　方法原理 ………………………………………………………………………… 119
11.2　气相色谱仪 ……………………………………………………………………… 119
11.3　实验项目 ………………………………………………………………………… 122
　　实验 11-1　载气流速及柱温变化对分离度的影响 ……………………………… 122
　　实验 11-2　内标法测定正丁醇的含量 …………………………………………… 124
　　实验 11-3　内标法定量分析正己烷中的微量环己烷 …………………………… 126
　　实验 11-4　程序升温色谱法测定石油醚中各组分含量 ………………………… 127
　　实验 11-5　用校正归一化法测定天然气的组成 ………………………………… 130

参考文献 ………………………………………………………………………………… 132

第 1 章 仪器分析实验指导

1.1 实验须知

仪器分析实验是实验化学的重要内容,是化学、化工类专业学生必修的专业基础课。通过仪器分析实验课的教学,使学生对常用仪器分析方法的基本原理有较深入的理解,对常用分析仪器的基本构造、特点和应用范围有所了解,初步掌握常用分析仪器的使用方法,提高对实验数据的处理能力,培养严谨、细致、实事求是的科学作风和爱护国家财物的优良品德。实验者应做到如下几点:

(1) 实验前,应充分预习要做实验的原理、步骤和仪器的使用方法,并写出预习报告。

在实验预习报告上,应拟订好操作步骤,画好记录数据的表格,写明做好实验的关键,并弄懂思考题。

(2) 实验过程应紧张而有秩序地进行。应仔细观察实验现象,认真思考出现的问题,如实地记录测量数据和实验现象。记录的原始数据不得随意涂改,如果确需舍弃某一数据,则应按规定方法进行。

(3) 实验者要始终保持实验场所的整齐、清洁和安静;要节约使用药品、试剂和水、电、气;要高度爱护每台实验仪器,在教师的指导下进行仪器操作,严防损坏仪器或发生其他事故。

(4) 实验结束后,实验者应将实验记录交指导教师检查,经教师签字后方可离开实验室。

(5) 及时写出实验报告。实验报告要简明、整洁,数据处理方法正确,图表规范,结果讨论条理清楚、合乎逻辑。实验报告的内容应包括:

① 实验题目、完成日期、姓名及合作者;
② 实验目的、简要原理、所用主要仪器(名称、型号、生产厂家)及主要实验步骤;
③ 实验数据处理及结果计算与表达、误差分析及结果讨论。

1.2 测量值的读数

在仪器分析中,一般都是通过仪器把与化学信息有关的原始信号转换成电信号,经放大后在显示仪表的刻度盘上用指针指出或在记录纸上用笔的位移显现出来,新购置的仪器多直接用液晶屏显示数字。为保证测量的准确性,对显示出的信号必须正确读数。指针式显示仪表,如电表,是通过指针的角位移显示其信号大小的,读数时应把视线通过指针并与表盘的刻度线垂直,读取指针所对准的刻度值。有的表头附有镜面,读数时要把指针与镜面内的针影相重合方可读数。记录式显示仪表,如记录仪,是通过记录笔的线位移记录信号大小的,信号数值可从记录纸上的印格读出,也可用米尺测读。

读数时,应读出所显示的全部有效数字,包括准确数字和可疑数字两部分。准确数字是指仪表能被读出的最小分度值,可疑数字是指最小分度值内的估计值。

测量值的取舍与结果精密度、准确度的表达见分析化学相关内容。

1.3 实验数据及分析结果的表达

取得实验数据后,应对其进行整理、归纳,并以简明的方法表达实验结果,通常有列表法、图解法和数学方程法以及计算机处理法等,可以根据具体情况选择使用。现对前两种方法简述如下。

1.3.1 列表法

用列表法表达实验数据与分析结果简单易行,具有直观、简明、易于参考比较的特点,是数据处理中最简单的方法。制表时须注意以下事项:

(1) 每一表格应有序号及简洁的表名。在表名不足以说明表中数据的含义时,可在表名或表格下方再附加说明,如有关实验条件、数据来源等。

(2) 表格中每一横行或纵列应标明名称和单位。在不加说明即可了解的情况下,应尽可能用符号表示,如 V/mL,p/MPa,T/K 等,其中斜线前面为物理量,尽量用符号表示,斜线后面表示单位。因为物理量的符号本身是带有单位的,除以其单位即表中所列的纯数字。

(3) 表格的纵列一般为实验号或因变量,横行为自变量。自变量的数值常取整数或其他方便的值,其间距最好均匀,并按递增或递减的顺序排列。

(4) 书写时应整齐统一,表中所列数值的有效数字位数应符合规定,小数点"."的位置要上下对齐,以利于数据的比较分析。数值为零时应记为"0",数值空缺时应记为一横线"—"。

(5) 直接测量的数值可以与处理的结果并列在一张表格上,必要时在表格的下方注明数据的处理方法和计算公式。

实验的原始数据一般采用列表法记录。

1.3.2 图解法

用图解法表示实验数据,可使测量数据间的关系表达得更为直观,能清楚地显示出数据的变化规律,如极大值、极小值、转折点、周期性、变化速率和其他奇异性等;还易从图上找出所需数据,如标准曲线法求未知物浓度、连续标准加入法外推求痕量物质含量、用滴定曲线的转折点(一次微商的极大值)求电位滴定的终点以及用图解积分法求色谱峰面积等。因此,在各类测量仪器中正日益广泛使用记录仪直接获得测量图形,以便快速得到分析结果。下面对作图要点进行简述。

1) 坐标纸的选择

一般情况下都选用直角坐标纸,有时也用单对数坐标纸(如直接电位法中电位与浓度关系曲线的绘制)或用双对数坐标纸。电位法中连续标加法则要用特殊的格氏(Gran)图纸来作图求解。在表达三组分体系相图时,则选用三角坐标纸。

2) 坐标轴及分度

习惯上用横坐标表示自变量,纵坐标表示因变量,每个坐标轴应注明名称和单位。坐标分度应便于读出任一点的坐标值,而且其精度应与测量的精度一致。应使测量值在坐标上的位置方便易读,即坐标轴上各线间距代表数量以 1,2,5 为好,应避免代表 3,6,7,9。标度应能表达全部有效数字,且使变量的绝对误差不超过坐标的 0.5～1 个最小分度,做到既不夸大也不缩小实验误差。

直角坐标的两个变量全部变化范围在两轴上表示的长度要相近,以便正确反映图形特征,直线图应处在坐标分角线(45°)附近。

坐标的起点不一定是零,可用低于最小测量值的某一整数作为坐标起点,高于最高测量值的某一整数作为终点(需直线外推截距求值者例外),以充分利用坐标纸。

比例尺的选择对于正确表达实验数据及其变化规律是很重要的。正确的图形,各点数值的精度与实验测量的精度应相当,比例过大图形易失真。

3) 作图点的标绘

标绘数据点时,可用符号代表,如用⊙,它的中心点代表测得的数据值,圆的半径代表测量的精度(或置信区间)。若在一张纸上要绘几条曲线,则其各组数据点应选用不同符号代表,如·,⊕,×,⊙,△等,并在图上说明各符号代表的实验条件。

绘制曲线时,若两个量成线性关系,按点的分布作一直线,所绘的直线应尽量接近各点,但不必通过所有点,应使数据点均匀分布在线的两旁。点与线的距离表示实验数据的绝对误差。曲线的绘制还要平滑均匀,宜用曲线板辅助。

4) 图名和说明

每幅图应有序号和图名,并注明取得数据的主要条件和实验日期。

1.3.3 分析结果的数值表示

报告分析结果时,必须给出多次分析结果的平均值及其标准偏差(测定次数少就不必计算标准偏差),数值所表示的准确度应与测量工具、分析方法的精度相一致。报告的数据应遵守有效数字规则(即数值中仅含一位可疑数字)。

一般情况下,标准偏差只取一位有效数字,只有在多次测量时才取两位有效数字,且最多只能取两位。

测定结果宜用平均值报出,当测定次数超过三次时,还应报出平均值的置信区间。

第 2 章　电导分析法

2.1　方法原理

通过测定溶液的电导值来求得溶液中某一物质浓度的方法称为电导分析法(Conductometric analysis)。根据 IUPAC 推荐的分类方法,电导分析法不涉及双电层和电极反应,故属于第一类电化学分析法。

电导分析法分为直接电导法和电导滴定法两类。直接电导法是根据溶液的电导与溶液中离子浓度间的定量关系来确定待测离子含量的方法。电导滴定法是以溶液电导值的突变来确定滴定终点的滴定分析法。电导分析法具有简单、快速、准确、不破坏被测样品等优点,在许多方面都得到应用,但由于溶液的电导是溶液中所有离子电导值的总和,因此电导分析法只能估算离子总量,不能区分和测定单一离子的种类和数量,故电导滴定法的应用也受到一定的限制。

当振幅很小的交流电通过电解质溶液时,两电极上并不发生化学反应,在正半周时电极将负离子吸至表面,而在负半周时电极又将正离子吸至表面,每个电极表面可看成一个电容器,周期性充电、放电,形成电容电流而导电。

溶液的导电能力常用电导 G 表示。电导是电阻的倒数:

$$G = \frac{1}{R} = \frac{1}{\rho} \cdot \frac{1}{\frac{l}{A}} = \kappa \frac{1}{\theta} \tag{2-1}$$

式中　G——电导,单位为西门子,简称西,用 S 表示(1 S＝1 A/V);

κ——电导率,是电阻率的倒数,即 $\kappa=1/\rho$,其单位为西·厘米$^{-1}$(S·cm^{-1});

ρ——电阻率,cm·S^{-1};

A——电导电极的截面积,cm^2;

l——电极间距离,cm;

θ——电导池常数,cm^{-1}。

测量溶液电导的双电极系统称为电导池。当电导池装置一定时,电导电极的截面积 A 与电极间距离 l 是固定不变的,即 l/A 为一常数,称为电导池常数 θ。式(2-1)可写成:

$$\kappa = \theta G \tag{2-2}$$

由于一定条件下电导率与电导成正比,所以通常通过测定溶液的电导率及其变化确定待测离子的含量。

2.2 电导率测定仪

测定电导率的代表性仪器是 DDS-11A 型电导率仪,它属于直读式仪器,是基于"电阻分压"原理测定溶液电导率的,其原理如图 2-1 所示。振荡器产生不随负载 R_x 而变化的交流电压 E,加到电导池被测溶液电阻 R_x 和量程电阻 R_m(起分压电阻作用)所组成的串联回路中,根据欧姆定律,由图 2-1 可得:

$$E = IR_x + IR_m \tag{2-3}$$

$$E_m = IR_m \tag{2-4}$$

消去 I 整理得:

$$E_m = \frac{R_m}{R_m + R_x} E \tag{2-5}$$

由上式可知,当 E 和 R_m 固定时,电导池被测溶液电阻 R_x 的改变必将引起 E_m 的相应变化,E_m 经放大、整流后用直流电流表可直接读出溶液的电导 G_x。

因为

$$R_x = \frac{1}{G_x} = \frac{\theta}{\kappa} \tag{2-6}$$

对给定的电导电极,其电导池常数 θ 是一定值(多接近于1),测量前用校正旋钮先行校正,即可由 E_m 直接读出电导率 κ。

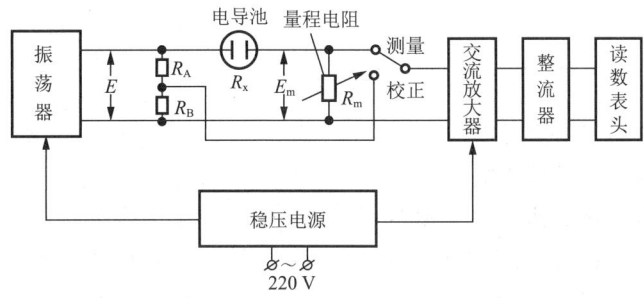

图 2-1 DDS-11A 型电导率仪原理图

用来测量溶液电导的电极称为电导电极,它一般用铂片制成,也有用石墨、镍、金、不锈钢等材料制成。要求两个电极的截面积要相同,两极间的距离必须恒定不变,这样才能保持电导池常数一定。铂电极分为光亮铂电极和铂黑电极。对于高电导溶液的测量,为了降低电流密度、减小极化效应、提高测量的灵敏度和准确度,常使用铂黑电极。DDS-11A 型电导率仪配有三种电导电极:① 当溶液电导率小于 10 $\mu S \cdot cm^{-1}$ 时用 DJS-1 型光亮铂电极。② 当溶液电导率在 $10 \sim 10^4$ $\mu S \cdot cm^{-1}$ 时,需用 DJS-1 型铂黑电极。铂黑电极的表面积大,可降低电流密度、减小极化作用,但铂黑对电解质有强烈的吸附作用,因此测量低电导溶液时不宜使用。③ 当溶液电导率大于 10^4 $\mu S \cdot cm^{-1}$ 时,用 DJS-10 型铂黑电极。

为了减小极化作用所造成的误差,测量电源采用交流电。为了提高测量精度,必须认真选择交流电的频率:对电导率低、浓度很稀的溶液,可用低周电源;对电导率高、浓度大的溶液,必须选用高周电源。常用电源的频率为 600~1 000 Hz,可用振荡器产生。DDS-11A 型电导率仪将其频率分为低周、高周两挡,其中电导率≤300 $\mu S \cdot cm^{-1}$ 的试液用低周挡(约 140 Hz),电导率≥1 000 $\mu S \cdot cm^{-1}$ 的试液用高周挡(约 1 100 Hz)。

2.3 实验项目

实验 2-1　直接电导法测定水的纯度

[实验目的]

(1) 巩固电导、电导率的基本概念,掌握电导法测定水质的原理和方法。
(2) 学会使用电导率仪。

[实验原理]

电解质溶液导电是通过溶液中正、负离子在外电场作用下产生迁移来实现的。溶液电导 G 的大小与导电溶液的几何形状(电极截面积 A 和两极间距离 l)、离子浓度 c、离子所带电荷数 n、离子的淌度、溶液温度等有关:

$$G = \kappa \frac{A}{l} = \kappa/\theta \tag{2-7}$$

式中　θ——电导池常数,$\theta = l/A$,单位为 m^{-1},其大小取决于电导池的电极截面积与两极间距间离,对给定电极 θ 值是固定的(一般为 $1.0\ m^{-1}$ 左右);

　　　κ——电导率或比电导,$S \cdot m^{-1}$,它是 l 为 $1\ m$,A 为 $1\ m^2$ 时溶液的电导值。

κ 仅与离子浓度 c 和离子在溶液中的摩尔电导 λ 有关:

$$\kappa = c\lambda/1\,000 \tag{2-8}$$

或

$$\kappa = \sum c_i \lambda_i /1\,000 \tag{2-9}$$

式中　c 或 c_i——某离子的浓度,$mol \cdot L^{-1}$;

　　　λ 或 λ_i——某离子的摩尔电导,$S \cdot m^2 \cdot mol^{-1}$。

由上式可知,通过测量水的电导率就可反映出水中离子的多少,也就知道了水的纯度。

水的电导率是水质鉴定和监测中一项非常重要的指标,它反映了水中电解质的总含量,但不能反映水中所含杂质成分及其不同杂质的含量,也不能反映水中有机物、细菌及其他悬浮物对水质纯度的影响。

绝对纯水的理论电导率在 298 K 时为 $5.5 \times 10^{-6}\ S \cdot m^{-1}$(即 $5.5 \times 10^{-2}\ \mu S \cdot cm^{-1}$)。水溶液的电导率不会小于此值。普通蒸馏水的电导率约为 $5 \times 10^{-4}\ S \cdot m^{-1}$(即 $5\ \mu S \cdot cm^{-1}$)。

DDS-11A 型电导率仪能进行电导池常数校正,可直接读出溶液的电导率。

电导池常数可通过测量已知浓度 KCl 标准溶液的电导 G 利用式(2-2)求得,其中 KCl 标准溶液的电导率可从手册中查出。

[仪器与试剂]

(1) DDS-11A 型电导率仪(附电导电极)。
(2) 100 mL 烧杯,5 只。
(3) $0.1\ mol \cdot L^{-1}$ KCl 标准溶液。
(4) 水样:去离子水、蒸馏水、自来水。

[实验步骤]

1) 水样电导率的测定

按照 DDS-11A 型电导率仪的使用要求选好电极和测量频率,将装好的电极插入蒸馏水中,接通电源预热几分钟后,调校好电导率仪。将电极用待测水样洗涤三次后插入盛水样的烧杯中,再重复调校仪器后将校正测量开关扳到"测量"位置,即可读其电导率。同时用温度计测量水样的温度。

2) 电导池常数的测定

将电极插入 0.1 mol·L^{-1} KCl 标准溶液中,用温度计测量其温度,查出该温度下 KCl 溶液的电导率(例如,288 K 时 0.1 mol·L^{-1} KCl 溶液的电导率为 1.048 S·m^{-1},即 1.048×10^4 μS·cm^{-1}),将校正测量开关扳到"测量"位置,旋动调正调节器使表头指到 1.048×10^4 μS·cm^{-1},然后将校正测量开关扳到"校正"位置,不动调正调节器,调节电极常数调节器,使指针达满刻度。此时,电极常数调节器所指的数值即该电极的电导池常数。

[数据处理]

1) 水中总含盐量的计算

将测得的各种水样的电导率值代入下列经验公式,分别计算出各种水样中所含的总盐量(mg·L^{-1}):

$$总盐量(\text{mg}\cdot\text{L}^{-1}) \approx 0.72 \kappa_{291} \tag{2-10}$$

$$\kappa_{291} = \frac{\kappa_T}{1+\alpha(T-291)} \tag{2-11}$$

式中 κ_{291}——291 K 时水样的电导率,μS·cm^{-1};

κ_T——在 T K 时测得水样的电导率,μS·cm^{-1};

α——系数,$\alpha=0.022$。

将结果填入表 2-1 中。

表 2-1 计算结果表

水 样	电导率/(μS·cm^{-1})	总盐量/(mg·L^{-1})
去离子水		
蒸馏水		
自来水		

2) 电导池常数的测定

原值: 实测值:

[附注]

(1) 测定蒸馏水、去离子水的电导率时,选用"低周"、光亮铂电极。测量自来水和各种工业污水、海水时选用"高周"、铂黑电极。

(2) 测量高纯水的电导率时应迅速进行,严防空气中的 CO_2 溶入水中,引起电导率升高。

(3) 不同浓度 KCl 溶液在不同温度下的电导率(S·m^{-1})见表 2-2。

表 2-2　不同浓度 KCl 溶液在不同温度下的电导率　　　　　　　　单位:$S \cdot m^{-1}$

温度/℃ 电导率 浓度	1 mol·L^{-1}	0.1 mol·L^{-1}	0.01 mol·L^{-1}
10	8.319	0.933	0.102 0
11	8.504	0.956	0.104 5
12	8.687	0.979	0.107 0
13	8.876	1.002	0.109 5
14	9.063	1.025	0.112 1
15	9.252	1.048	0.114 7
16	9.441	1.072	0.117 3
17	9.631	1.095	0.119 9
18	9.822	1.119	0.122 5
19	10.014	1.143	0.125 1
20	10.207	1.167	0.127 8
21	10.400	1.191	0.130 5
22	10.554	1.215	0.133 2
23	10.789	1.239	0.135 9
24	10.984	1.264	0.138 6
25	11.180	1.288	0.141 3
26	11.377	1.313	0.144 1
27	11.574	1.337	0.146 8
28		1.362	0.149 6
29		1.387	0.152 4
30		1.412	0.155 2

[思考题]

(1) 电导和电导率有何不同？DDS-11A 型电导率仪测出的是什么？

(2) 根据什么原则选择电极和测量频率？测量高纯水的电导率时若选用铂黑电极,将产生什么后果？

(3) 电导池常数是由什么决定的？如何测定它？

(4) 用电导率评价水质有何局限性？

(5) 测量溶液电导时,为什么用交流电对电导池供电？

实验 2-2　电导滴定法测定未知酸的浓度

[实验目的]

(1) 巩固电导滴定的基本原理。

(2) 掌握电导滴定的操作步骤,学会绘制电导滴定曲线和确定滴定终点的方法。

[实验原理]

通过测量滴定过程中溶液电导的变化来确定化学计量点的滴定分析方法称为电导滴定。例如,当用 0.1 mol·L^{-1} NaOH 溶液滴定 0.1 mol·L^{-1} HCl 溶液时,滴定前由于 H$^+$ 具有很高的摩尔电导,使得 0.1 mol·L^{-1} HCl 溶液也有很高的摩尔电导(25 ℃ 时为 0.039 132 S·m^2·mol^{-1}),在滴定过程中,Cl$^-$ 浓度近似不变(设被滴溶液体积不变),它所产生的电导是恒定的,而 H$^+$ 不断地与 OH$^-$ 反应生成水,Na$^+$ 不断取代 H$^+$,由于 Na$^+$ 具有很低的摩尔电导,使得溶液的电导不断下降。达到化学计量点之后,随着过量 NaOH 的加入,OH$^-$ 和 Na$^+$ 浓度不断增加,OH$^-$ 有较大的摩尔电导,因此溶液的电导又重新增加。在化学计量点时,溶液变为纯 NaCl 水溶液,具有最低电导值(0.1 mol·L^{-1} NaCl 溶液的摩尔电导为 0.010 674 S·m^2·mol^{-1})。因此,若将溶液的电导(或电导率)值对加入 NaOH 溶液的体积作图,即得斜率不同的两条直线,其交点(溶液的电导或电导率为最小值)为所求的化学计量点。如图 2-2 所示,通常只在化学计量点两侧各测 4~5 个数据,作图外推即得交点。

电导滴定对很稀酸(碱)和很弱酸(碱)的测定特别有用,也适合弱酸盐(或弱碱盐)、混合酸(或碱)的测定。混合酸(或碱)的电导滴定曲线有两个转折点,其中第一个转折点相当于被滴定较强酸(或碱)的量,两个转折点的体积之差相当于弱酸(或碱)的量。

本实验用 0.1 mol·L^{-1} NaOH 标准溶液滴定混合酸溶液,以测定其中 HCl 和 HAc 的浓度或含量。

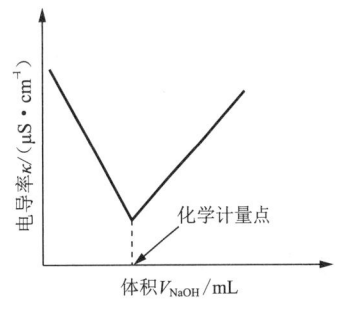

图 2-2 用 NaOH(滴定 HCl) 溶液的电导率曲线

[仪器与试剂]

(1) DDS-11A 型电导率仪(附 DJS-1 铂黑电极)。
(2) 电磁搅拌器(附搅拌磁子),1 台。
(3) 10 mL 或 25 mL 碱式滴定管,1 支。
(4) 5 mL 或 10 mL 移液管,1 支。
(5) 100 mL 烧杯,3 只。
(6) 0.1 mol·L^{-1} NaOH 标准溶液;
(7) HCl-HAc 未知浓度混合液或 HCl 未知浓度溶液。

[实验步骤]

(1) 按仪器使用方法准备、预热好仪器,装好、洗净铂黑电极。

(2) 用移液管移取 5 mL 未知样品于预先洗净的 100 mL 烧杯中,加去离子水 50 mL,放入磁子后将烧杯置于搅拌器上,插入电极,将高、低周开关扳到"高周",每滴入 0.5 mL(或 1 mL) NaOH 溶液,应充分搅拌,在静态下重新校正满刻度后,再将开关扳到"测量",即可读取电导率和相应的 NaOH 体积数。化学计量点前后各测 4~5 个点。

重复测定一次。

[数据处理]

用方格纸绘制电导率-体积电导滴定曲线,确定终点时所用 NaOH 溶液的体积,计算出未知酸的浓度。

[附注]

(1) 每次读数前必须校正满刻度。

(2) 为了避免稀释效应对电导滴定结果的影响,所用标准溶液浓度应比被滴溶液浓度大 10~20 倍,否则需对电导值进行体积校正。

(3) 对于具有大量反应热的电导滴定,须在恒温条件下进行,一般情况下整个滴定过程中温度变化应小于 1 ℃,对于精密测量(相对误差<0.2%)温度变化应恒定在 0.1 ℃之内。

[思考题]

(1) 电导滴定中选用滴定剂的原则是什么?

(2) 试说明 $AgNO_3$ 滴定溶液中的 Cl^- 和 EDTA 滴定水的硬度的电导滴定曲线形状。

(3) 试解释 NaOH 滴定 HCl-HAc 混合液时,电导滴定曲线的形成原因。

第 3 章 电位分析法

3.1 方法原理

通过测量电池电动势而求得待测物质含量的分析方法称为电位分析法(Potentiometry)。

因为单个电极的电极电位是无法测量的,在电位分析时通常将正确选择的指示电极和参比电极同时插入待测离子溶液中组成测量电池,在零电流的条件下测量电池的电动势 E,则有:

$$E = \varphi_{指} - \varphi_{参} + \varphi_{接} \tag{3-1}$$

式中 $\varphi_{参}$——参比电极电位(恒定已知),与待测离子活度无关;

$\varphi_{接}$——液接电位,在使用盐桥的情况下 $\varphi_{接}$ 可减至最小值而忽略,或在实验条件保持恒定的情况下也可视为常数;

$\varphi_{指}$——指示电极电位,它与溶液中的离子活度的关系符合能斯特方程式。

因此,电池电动势与金属离子活度(浓度)的对数成线性关系,即

$$E = K + \frac{RT}{nF} \ln a_{M^{n+}} \tag{3-2}$$

式中 K——条件常数;

R——热力学常数,$R = 8.314 \text{ J} \cdot \text{mol}^{-1} \cdot \text{K}^{-1}$;

T——热力学温度,K;

n——电子转移数或离子的化合价;

F——法拉第常数,$F = 96\ 487 \text{ C} \cdot \text{mol}^{-1}$;

a——M^{n+} 的活度。

测得电池电动势 E,即可求得溶液中待测离子的活度(浓度),这就是电位分析法定量的理论基础。

电位分析法分两类。一类是通过测量电池电动势,用能斯特(Nernst)方程直接求得(或由仪器表头直接读出)待测离子活度,称为直接电位法。用酸度计测定溶液的 pH 值便是直接电位法应用最广的一种。另一类是通过观察滴定过程中电动势的突跃来确定滴定终点的滴定分析法,称为电位滴定法。电位滴定法用电动势突跃代替指示剂变色来确定终点,可用于有色、浑浊溶液的滴定以及无合适指示剂的滴定。

电位分析法所用仪器简单、价廉,操作方便,且易于实现分析的自动化,故广泛应用于水质监测和在线生产控制。

3.2 pHS-3C 型数字酸度计

pHS-3C 型数字酸度计是一种 3.5 位十进制数字显示的酸度计,适用于水溶液 pH 值和电池电动势的测定,可使用各种指示电极。仪器有直流信号输出,连接记录式电位差计即可自动记录电池电动势。仪器测量范围:pH 挡 0~14.00 pH,mV 挡 0~±1 999 mV(极性自动显示)。精度:pH 挡≤0.01 pH,mV 挡≤0.1% V。输入阻抗≥10^{12} Ω。仪器设有温度、斜率、定位旋钮。

pHS-3C 型数字酸度计将指示电极、参比电极所产生的直流信号(电动势),通过由结型场效应晶体管和直流负反馈电路组成的高输入阻抗直流放大器放大,输送到 A/D 转换器,转换器分别对被测溶液的信号电压和基准电压二次积分,将输入的信号电压换成与其平均值精确成正比的时间间隔,再用计数器测出这个时间间隔内的时钟脉冲数目,从而得到被测信号电压的数字值,达到模数转换数字显示的目的。

现将其使用方法介绍如下:

1)电极安装与仪器预热

将玻璃电极(或其他指示电极)插头插入电极插孔内,甘汞参比电极拔去小橡皮塞,将引线连在接线柱上。两者都架在电极夹上,并使玻璃球泡高于甘汞参比电极陶瓷芯,以保护玻璃球泡。或直接用 pH 复合电极(玻璃电极和甘汞参比电极的复合体),将复合电极上保护帽取下,插入电极插孔内。

按下 pH 键(或 mV 键),接通电源,将仪器预热 30 min。

2) pH 值测量

(1) 标定。

① 拔出玻璃电极插头,接通 mV 挡(pH-mV 键弹出),调节仪器后面的"零点"调节器,使读数显示为 0。

② 插入电极插头,按下 pH 键,将斜率调节器旋至 100% 的位置。

③ 将洗净的电极插入 pH 标准缓冲液中,再将温度调节器旋至溶液温度处,开动搅拌器搅拌几分钟。

④ 停止搅拌,溶液静止后调节定位旋钮,使读数显示出标准缓冲液的 pH 值。

经上述标定后的仪器,所有旋钮都不准再动(否则须重新标定),一般 24 h 内不需再标定。

(2) pH 测量仪器标定后,将电极从标准缓冲液中取出,用蒸馏水清洗后用滤纸吸干,然后插入待测溶液中搅拌 2 min,停止搅拌,待溶液静止后读其 pH 值。若待测溶液温度与定位用的标准溶液温度不同,则须先将温度调节器旋至待测溶液温度,而后再读数。

3) mV 值测量

(1) 校零:接通 mV 挡(pH-mV 键弹出),拔出指示电极插头,调节仪器后面的"零点"调节器,使读数显示为 0。(温度旋钮、斜率调节器在测 mV 值时都不起作用。)

(2) 测量:插入指示电极插头,将两电极洗净、吸干,插入待测溶液中,搅拌 2 min,待溶液静止后即可读出 mV 值,并自动显示"±"极性。

测量中若被测信号超出了仪器测量范围或测量端开路,显示部分将发出闪光报警。

仪器还可利用斜率调节器作两点校正定位,以达到准确测定样品的目的。

4) 仪器维护

(1) 仪器的输入端(插孔)必须保持干燥、清洁,不使用时应将接续器插入孔内,以防灰尘与湿气侵入。

(2) 玻璃电极使用前应在蒸馏水内浸泡一昼夜。有裂纹或老化(存放两年以上)的玻璃电极应停止使用,否则响应缓慢,或造成大的测量误差。若球泡被沾污,可用医用棉轻擦,或用 $0.1\ mol \cdot L^{-1}$ 盐酸清洗。

(3) 指示电极、参比电极在使用时内充液中不能有气泡存在,以防断路。参比电极内充液必须充满。

(4) 调节仪器的各个旋钮时,应轻轻地缓慢进行,以防损坏零件或紧固螺丝位置的变动,造成测量不准。

(5) 仪器长时间不用时,应每隔一段时间通电一次,以防零件潮湿发霉或漏电。

3.3 电 极

测定溶液电位时,参比电极通常采用饱和甘汞电极,其电极电位为 $0.243\ 8\ V$。根据测定任务的不同,应选用不同的指示电极,如测定氧化还原电对溶液时选用惰性电极 Pt 电极,测定溶液的 pH 值时选用 pH 玻璃电极,测定水溶液中氟离子浓度时选用氟离子选择性电极。其响应原理见相关仪器分析教材,在此不作赘述。下面分别介绍选择性电极和复合电极。

1) 氟离子选择性电极

氟离子选择性电极是测定水溶液中氟离子浓度或间接测定能与氟离子形成稳定络合物的离子浓度的指示电极。其技术指标如下:

(1) 测量范围:$10^{-6} \sim 10^{-1}\ mol \cdot L^{-1}$;

(2) 溶液温度:$4 \sim 45\ ℃$;

(3) 绝缘电阻:$\geqslant 1 \times 10^{11}\ \Omega$;

(4) 电极内阻:$\leqslant 1\ M\Omega$;

(5) 零电位:$0 \sim 1\ pF$(氟离子选择性电极与饱和甘汞电极核对)。

使用及维护说明如下:

(1) 氟离子选择性电极在测定样品或标准溶液时,应用电磁搅拌器进行匀速搅拌,测定样品与测定标准溶液时的搅拌速度应保持相同。

(2) 电极与饱和甘汞电极组成电极对,使用前应在去离子水中将电极的电位清洗至 370 mV(取仪器显示器显示电位值的绝对值)以上,即可正常使用。

(3) 在测量过程中,氟离子选择性电极用去离子水冲洗后,应用吸水纸擦干后进行测量,以防止引起测量误差。

(4) 电极在测量时,试样和标准溶液应保持在同一温度。

(5) 一般首先记录电极由稀到浓的数个标准溶液中的电位值(至少要求记录三个标准浓度以上的电位值,氟标准溶液浓度的选择应在被测样品浓度的附近),随后采用直接电势法作电极电位-氟离子浓度的对数($lg\ c$)图,然后记录电极在被测样品溶液中的电位值,在图上查找此电位值相对应的氟离子浓度的对数值,即得被测水样的氟离子浓度。

(6) 氟标准溶液建议存放在经清洗后的聚乙烯塑料瓶中,对使用过的容量瓶、移液管、玻璃仪器应及时清洗。

(7) 氟离子选择性电极使用完毕后建议用去离子水清洗,将空白电位洗至 370 mV,擦干后妥善保存,这样可以延长氟离子选择性电极的使用寿命,保持电极的良好性能。

2) 雷磁 E-201-C 型 pH 复合电极

本电极是玻璃电极和参比电极组合在一起的塑壳可充式复合电极,是 pH 值测量元件,用于测量水溶液的 pH 值(氢离子活度),它广泛用于环境监测、化学工业、医药工业、染料工业、大专院校和科研机构中需要检测水溶液 pH 值的场合。

该电极的性能参数如下:

(1) pH 测量范围:0~14;

(2) 测量温度:0~60 ℃;

(3) 响应时间:≤2 min。

该电极的特点如下:

(1) 碰撞不破,因为电极的易碎部分有塑料栅保护,测量时可作搅拌棒使用。

(2) 电极为可充式。电极上端有充液小孔,配有小橡皮塞,在测量时应把小橡皮塞取下。

(3) 抗干扰性能强。电极为全屏蔽式,防止测量时外电场干扰。

(4) 电极下端配有电极保护帽,取下帽后可以立即使用。

使用、维护及注意事项如下:

(1) 电极在测量前必须用已知 pH 值的标准缓冲溶液进行定位和斜率校准,为了取得正确的结果,用于定位的已知标准缓冲溶液的 pH 值愈接近被测值愈好。

(2) 取下保护帽后要注意,在塑料保护栅内的电极敏感玻璃球泡不要与硬物接触,任何破损和擦毛都会使电极失效。

(3) 测量完毕不用时,应将电极保护帽套上,帽内应放少量浓度为 3 mol·L^{-1} 的氯化钾溶液,以保持电极球泡的润湿。如果发现干枯,在使用前应在 3 mol·L^{-1} 氯化钾溶液或微酸性的溶液中浸泡几小时,以降低电极的不对称电位。

(4) 复合电极的外参比补充液为 3 mol·L^{-1} 氯化钾溶液(附件有小瓶一只,内装氯化钾粉剂若干,用户只需加入去离子水至瓶 20 mL 刻线处并摇匀,即可得到 3 mol·L^{-1} 外参比补充液),补充液可以从上端小孔加入。

(5) 电极的引出端(插头)必须保持清洁和干燥,绝对防止输出端两端短路,否则将导致测量结果失准或失效。

(6) 电极应与高输入阻抗(≥10^{12} Ω)的 pH 计或 mV 计配套,这样可使电极保持良好的特性。

(7) 电极避免长期浸泡在蒸馏水、蛋白质、酸性氟化物溶液中,并防止和有机硅油脂接触。

(8) 经长期使用后,如果发现电极的理论斜率略有降低,则可把电极下端浸泡在 4% HF(氢氟酸)中 3~5 s,再用蒸馏水洗净,然后在 0.1 mol·L^{-1} HCl 溶液中浸泡几小时,最后用去离子水冲洗干净使之复新。

(9) 被测溶液中如果含有易污染敏感球泡或堵塞液接界的物质,会使电极钝化,其现象是百分理论斜率降低、响应时间长、读数不稳定。为此,应根据污染物质的性质,以适当溶液清洗电极敏感球泡,使之复新。

注意:选用清洗剂时,如果使用的是能溶解聚碳酸树脂的清洗液,如四氯化碳、三氯乙烯、四氢呋喃等,则可能把聚碳酸树脂溶解后沾污敏感玻璃球泡表面,从而使电极失效,所以请慎用!

污染物及其清洗剂见表3-1,供参考。

表 3-1 污染物及其清洗剂

污染物	清洗剂
无机金属氯化物	低于 1 mol·L^{-1} 稀酸
有机油脂类物	稀洗涤剂(弱碱性)
树脂高分子物质	酒精、丙酮、乙醚
蛋白类血球沉淀物	5%胃蛋白酶+0.1 mol·L^{-1} HCl 溶液
颜料类物质	稀漂白液、过氧化氢

(10)电极的插头规格甚多,必须注意电极的输出端是否与所配套的pH计吻合。缓冲溶液的pH值与温度关系对照表见表3-2。

表 3-2 缓冲溶液的pH值与温度关系对照表

温度/℃	0.05 mol·kg^{-1} 邻苯二甲酸氢钾	0.025 mol·kg^{-1} 混合物磷酸盐	0.01 mol·kg^{-1} 四硼酸钠
5	4.00	6.95	9.39
10	4.00	6.92	9.33
15	4.00	6.90	9.28
20	4.00	6.88	9.23
25	4.00	6.86	9.18
30	4.01	6.85	9.14
35	4.02	6.84	9.11
40	4.03	6.84	9.07
45	4.04	6.84	9.04
50	4.06	6.83	9.03
55	4.07	6.83	8.99
60	4.09	6.84	8.97

3.4 实验项目

实验 3-1 电位滴定法连续测定碘、氯混合液中 I$^-$ 和 Cl$^-$ 的浓度

[实验目的]

(1)掌握电位滴定实验技术。

(2)掌握电位滴定法连续测定 I$^-$ 和 Cl$^-$ 的基本原理。

[实验原理]

电位滴定法是一种用电位法确定终点的滴定方法。将指示电极和参比电极插入被测溶液,组成一个工作电池。随着滴定液的加入,溶液中被测离子浓度不断发生变化,电池的电动势也随之变化,当到达化学计量点时,被测离子浓度发生突跃性变化,电池的电动势也发生突跃性变化,从而指示终点的到达。

用电位滴定法测定溶液中的卤素离子浓度通常使用 $AgNO_3$ 溶液作滴定剂,Ag 电极作指示电极(负极),双液接饱和甘汞电极(SCE)作参比电极(正极)。滴定反应如下:

$$Ag^+ + X^- \Longrightarrow AgX \downarrow$$

滴定过程中,电池的电动势可以根据 Nernst 方程算出。

$$E = \varphi_{SCE} - \varphi_{Ag^+/Ag} = \varphi_{SCE} - \left(\varphi^{\ominus}_{Ag^+/Ag} + \frac{RT}{F}\ln[Ag^+]\right) \tag{3-3}$$

25 ℃时,$\varphi_{SCE} = 0.244\ V$,$\varphi^{\ominus}_{Ag^+/Ag} = 0.799\ V$,代入式(3-3)得:

$$E = -0.555 - 0.059\lg[Ag^+] \tag{3-4}$$

式中 φ_{SCE}——饱和甘汞电极的电极电位,V;

$\varphi_{Ag^+/Ag}$——Ag 电极的电极电位,V;

$\varphi^{\ominus}_{Ag^+/Ag}$——Ag 电极的标准电极电位,V;

$[Ag^+]$——Ag^+ 的平衡浓度,$mol \cdot L^{-1}$。

当滴定 I^- 溶液时,Ag 电极的电极电位取决于 I^- 浓度:

$$[Ag^+] = \frac{K_{sp,AgI}}{[I^-]} = \frac{8.3 \times 10^{-17}}{[I^-]} \tag{3-5}$$

式中 $K_{sp,AgI}$——AgI 的溶度积;

$[I^-]$——I^- 的平衡浓度,$mol \cdot L^{-1}$。

在化学计量点附近,$[I^-]$ 发生突跃性变化,从而导致溶液中 $[Ag^+]$ 发生突跃性变化,电池的电位也发生突跃性变化。

当滴定 Cl^-,Br^-,I^- 混合液时,根据分步沉淀原理,首先生成 AgI 沉淀,再依次生成 AgBr 沉淀($K_{sp} = 4.95 \times 10^{-13}$)、AgCl 沉淀($K_{sp} = 1.77 \times 10^{-10}$),滴定将产生三个小的电位突跃,可根据各个终点所用滴定剂体积分别求得 I^-,Br^-,Cl^- 的含量,但滴定误差较大。

由 $K_{sp,AgI}/K_{sp,AgCl} = 4.7 \times 10^{-7}$ 可知:当开始产生 AgCl 沉淀时,I^- 已沉淀完全,所以可准确地连续滴定 I^- 和 Cl^-。

[仪器与试剂]

(1) pHS-3C 型数字酸度计,附 Ag 电极和 217 型双液接饱和甘汞电极(或用饱和 KNO_3 溶液琼脂盐桥与 SCE 相连),1 台。

(2) 电磁搅拌器(附搅拌磁子),1 台。

(3) 10 mL 酸式滴定管(棕色),1 支。

(4) 25 mL 移液管,1 支。

(5) 100 mL 烧杯,2 只。

(6) $0.1\ mol \cdot L^{-1}\ AgNO_3$ 标准溶液(预先用常规方法标定)。

(7) 未知液(约 $0.025\ mol \cdot L^{-1}\ I^-$ 和 Cl^- 混合液)。

(8) 固体 $Ba(NO_3)_2$ 或 $Ca(NO_3)_2$(分析纯)。

(9) 细砂纸。

(10) 饱和 KNO_3 溶液。

[实验步骤]

(1) 仪器安装与调校：将 Ag 电极用细砂纸打光、洗净后接在酸度计负极上，将 217 型双液接饱和甘汞电极(套管内充饱和 KNO_3 溶液)接在正极上。接通电源，预热后按照酸度计的使用说明调校好仪器(开+mV 挡)。

(2) 测定：准确移取未知液 25 mL 于 100 mL 烧杯中，加蒸馏水 25 mL、6 mol·L^{-1} HNO_3 溶液 3 滴和 $Ba(NO_3)_2$ 0.5 g，放入搅拌磁子，插入电极，开动电磁搅拌器，即可用 $AgNO_3$ 标准溶液进行滴定。记录各点所用 $AgNO_3$ 标准溶液的体积(单位:mL)和相应电池电动势的值(单位:mV)，要求为静态读数。

滴定始、末每滴加 0.5 mL 标准溶液记录一次，化学计量点附近每滴加 0.1 mL 标准溶液记录一次。两次平行滴定结果相对误差在 1% 以内即可。

(3) 实验完毕，用吸水纸擦去电极上的沉淀，并将电极插入浓氨水中溶净沉淀，再用水洗净保存。

[数据处理]

(1) 用电动势对加入 $AgNO_3$ 标准溶液的体积作图，绘出 E-V_{AgNO_3} 滴定曲线。

(2) 用 45 ℃ 切线等分法求出终点时 $AgNO_3$ 标准溶液的体积，算出未知液中各离子的含量(以 mol·L^{-1} 和 g·L^{-1} 表示)。

[附注]

(1) 每次滴定前都需用细砂纸将 Ag 电极轻轻打光，再用水洗净，以保证滴定数据的重复性。

(2) 盛未知液的烧杯必须洗净，以防止自来水中 Cl^- 对结果产生严重影响。

[思考题]

(1) 试计算 I^-，Cl^- 开始被滴定时电池电动势的值(单位:mV)(设 I^- 和 Cl^- 的浓度都为 0.01 mol·L^{-1})。

(2) 滴定 Br^- 和 Cl^- 时，化学计量点的电动势分别是多少？

(3) 在沉淀滴定中玻璃电极为什么可作为参比电极使用？还有什么电极可作为指示电极使用？

实验 3-2　氯离子选择性电极性能的测试和 Cl^- 浓度的测定

[实验目的]

(1) 了解氯离子选择性电极的基本性能及其测试方法。

(2) 学会自拟方案用氯离子选择性电极测定 Cl^- 的浓度。

[实验原理]

氯离子选择性电极是由 AgCl 和 Ag_2S 的沉淀混合物压制成膜片，经抛光后固定在塑料电极管的一端，管内装参比液，然后插入一内参比电极制成的。

离子选择性电极都具有以下性能指标：

1) 电极响应的线性范围与检测下限

氯离子选择性电极是以 AgCl 作为电化学活性物质与被测溶液发生离子交换反应产生

膜电极电位的,在一定条件下,其膜电极电位 φ 遵守 Nernst 方程:

$$\varphi_{Cl^-} = K_{ISE} + \frac{RT}{F} \ln a_{Ag^+} \tag{3-6}$$

式中　K_{ISE}——氯离子选择性电极的电极常数。

因为 AgCl 的溶度积 $K_{sp,AgCl} = a_{Ag^+} \cdot a_{Cl^-}$,代入式(3-6)得:

$$\varphi_{Cl^-} = K_{ISE} + \frac{RT}{F} \ln K_{sp,AgCl} - \frac{RT}{F} \ln a_{Cl^-} \tag{3-7}$$

令 $K = K_{ISE} + \frac{RT}{F} \ln K_{sp,AgCl}$,则式(3-7)可写为:

$$\varphi_{Cl^-} = K - \frac{RT}{F} \ln a_{Cl^-} \tag{3-8}$$

在测量时,氯离子选择性电极与双液接饱和甘汞电极一起插入溶液,组成下列电池:

氯离子选择性电极 | Cl⁻ 试液 ‖ KNO₃(0.1 mol·L⁻¹) ‖ SCE

电池电动势为:

$$E = \varphi_{SCE} - \varphi_{Cl^-} = \varphi_{SCE} - K + \frac{RT}{F} \ln a_{Cl^-}$$

$$= \varphi_{SCE} - K + \frac{RT}{F} \ln \gamma_{Cl^-} + \frac{RT}{F} \ln c_{Cl^-} \tag{3-9}$$

令:

$$K' = \varphi_{SCE} - K + \frac{RT}{F} \ln \gamma_{Cl^-}$$

于是有:

$$E = K' + \frac{RT}{F} \ln c_{Cl^-} = K' + \frac{2.303RT}{F} \lg c_{Cl^-} = K' + S \lg c_{Cl^-} \tag{3-10}$$

式中,γ_{Cl^-} 为 Cl⁻ 的活度系数;c_{Cl^-} 为 Cl⁻ 的浓度,mol·l⁻¹;K' 的值取决于温度、膜特性、参比电极电位、液接电位和溶液的离子强度等。在一定实验条件下,给定电极的 K' 为常数。因此,电池电动势 E 与被测离子浓度的对数值呈直线关系,其斜率为 S。在理想情况下,25 ℃时,$S = \frac{59.16}{n}$ mV,即 Nernst 理论斜率。但电极的实际 S 值与理论值常有一定的偏离。通过测定不同 Cl⁻ 浓度溶液的 E 值,作 E-$\lg c_{Cl^-}$ 图,就可确定电极的实际斜率和线性范围。随着被测离子浓度的逐步变小,E 值将开始偏离 Nernst 方程的直线关系,当被测离子浓度小到一定程度时,E 值变化越来越小,直至无电位变化(E 恒定不变),如图 3-1 所示。

根据 IUPAC 的定义,图 3-1 所示校准曲线的直线部分(ab 段)称为电极响应的线性范围。取直线延长部分与曲线切线的交点 A(曲线 1)或直线延长线与弯曲部分相距 $\frac{18}{n}$ mV(25 ℃)的 A' 点(曲线 2)所对应的活度(或浓度)作为电极的检测下限,此时被测离子与干扰离子对电位的影响相近,电位显示不稳,测定结果的重现性及准确性较差。氯离子选择性电极的线性范围为 $5 \times 10^{-5} \sim 1$ mol·L⁻¹,

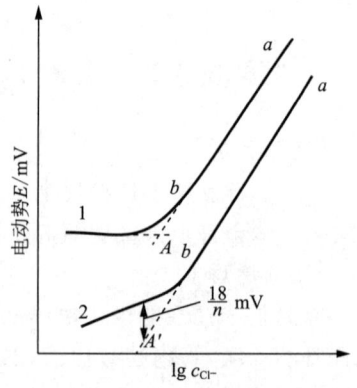

图 3-1　电极的校准曲线和检测下限

实际检测下限为 $5×10^{-5}$ mol·L^{-1}。

2）电极的选择性系数 $K_{A,B}^{Pot}$

选择性系数是离子选择性电极的主要性能指标。$K_{A,B}^{Pot}$ 的大小表示干扰离子 B 对被测离子 A 电极响应的干扰程度。一般 $K_{A,B}^{Pot}$ 可定义为：

$$E = 常数 \pm \frac{2.303RT}{Z_A F} \lg(a_A + K_{A,B}^{Pot} \cdot a_B^{Z_A/Z_B} + K_{A,C}^{Pot} \cdot a_C^{Z_A/Z_C} + \cdots) \quad (3\text{-}11)$$

式中，常数项为离子选择性电极的标准电位、参比电极电位和液接电位的代数和；a_A, a_B, a_C 分别为电极主要响应离子和共存干扰离子的活度；Z_i 为相应离子的电荷数；$K_{A,B}^{Pot}, K_{A,C}^{Pot}$ 依 IUPAC 定义为电位选择性系数。

式(3-11)中的"±"号：当 SCE 为正极时，对阳离子选择性电极取"−"，对阴离子选择性电极取"＋"。例如要表示 NO_3^- 对氯离子选择性电极的干扰，式(3-11)可具体写为：

$$E = 常数 + \frac{2.303RT}{F} \lg(a_{Cl^-} + K_{Cl^-, NO_3^-}^{Pot} \cdot a_{NO_3^-}) \quad (3\text{-}12)$$

由上式可知，$K_{Cl^-, NO_3^-}^{Pot}$ 愈小，电极对主要响应离子 Cl^- 的选择性愈好，受共存离子 NO_3^- 的干扰就愈小。

测定 $K_{A,B}^{Pot}$ 的方法有分别溶液法和混合溶液法。本实验仅用分别溶液法进行测定，现作简要说明。

分别溶液法是先分别配制一系列不同活度的主要离子 A 的标准溶液和干扰离子 B 的标准溶液，然后用 A 离子选择性电极测出各系列相应溶液的电池电动势 E_A 和 E_B，再在同一坐标系中分别画出主要离子响应曲线 E_A-lg a_A 和干扰离子响应曲线 E_B-lg a_B (见图 3-2)，进而可用下面两种方法求得 $K_{A,B}^{Pot}$。

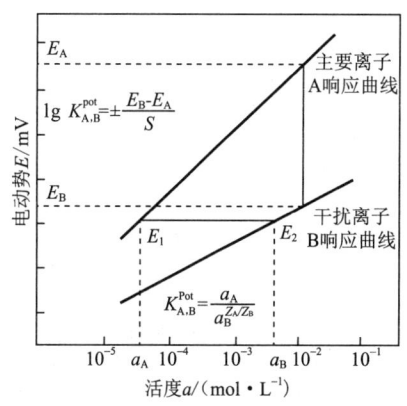

图 3-2 分别溶液法计算 $K_{A,B}^{Pot}$

（1）等活度法。

在图 3-2 横坐标上任一活度处作垂线，与两响应曲线交点的相应电动势分别为 E_A 和 E_B，此时，式(3-12)可写成：

$$E_A = 常数 \pm \frac{2.303RT}{Z_A F} \lg a_A \quad (3\text{-}13)$$

$$E_B = 常数 \pm \frac{2.303RT}{Z_A F} \lg(K_{A,B}^{Pot} \cdot a_B^{Z_A/Z_B}) \quad (3\text{-}14)$$

因为 $a_A = a_B$，所以将式(3-13)和式(3-14)整理得：

$$\lg K_{A,B}^{Pot} = \pm \frac{(E_B - E_A)Z_A F}{2.303RT} + \left(1 - \frac{Z_A}{Z_B}\right) \lg a_A \quad (3\text{-}15)$$

当 $Z_A = Z_B$ 时，有：

$$\lg K_{A,B}^{Pot} = \pm \frac{(E_B - E_A)Z_A F}{2.303RT} = \pm \frac{E_B - E_A}{S} \quad (3\text{-}16)$$

当 SCE 作正极时，上式对于阳离子选择性电极取"−"号，对于阴离子选择性电极取"＋"号，$S = \frac{2.303RT}{Z_A F}$ 为电极的实际斜率，可从主要离子响应曲线求得。

(2) 等电位法。

在图 3-2 纵坐标上任一点作等电位水平线与两响应曲线的交点 E_1 和 E_2,其相应活度为 a_A 和 a_B,代入式(3-13)和式(3-14)并合并可得:
$$\lg a_A = \lg(K_{A,B}^{Pot} \cdot a_B^{Z_A/Z_B})$$
即
$$K_{A,B}^{Pot} = \frac{a_A}{a_B^{Z_A/Z_B}} \tag{3-17}$$

由上式可知,选择性系数等于两种离子在各自溶液中使电极电位相等时的活度比。

因为选择性系数与许多因素有关,所以在用 $K_{A,B}^{Pot}$ 表示离子选择性电极的选择性时应注明测定方法和测定条件。现将一氯离子选择性电极 $K_{A,B}^{Pot}$ 的实测值列出,见表 3-3,供参考。通常将 $K_{A,B}^{Pot}$ 值小于 10^{-3} 者认为无明显干扰。从表 3-1 可以看出:Br^-,CN^-,SO_3^{2-} 等对氯离子选择性电极的干扰是很严重的。

表 3-3 一些干扰离子对某 AgCl-Ag$_2$S 膜电极的选择性系数(分别溶液法,$0.1\ mol \cdot L^{-1}$)

干扰离子 B	NO_3^-	CN^-	Br^-	$C_2O_4^{2-}$	CO_3^{2-}	SO_4^{2-}	SO_3^{2-}
$K_{Cl^-,B}^{Pot}$	5.5×10^{-4}	1.0	4.0	4.5×10^{-5}	4.6×10^{-4}	1.0×10^{-4}	0.2

除上述性能外,电极还有响应作用与稳定性、内阻与不对称电位等指标。本实验仅测定氯离子选择性电极的选择性系数、线性范围、斜率和检测下限。

[仪器与试剂]

(1) pHS-3C 型数字酸度计与电磁搅拌器(附搅拌磁子),各 1 台。

(2) 氯离子选择性电极、217 型双液接饱和甘汞电极(外套管装 $0.1\ mol \cdot L^{-1}\ Na_2SO_4$ 溶液),各 1 支。

(3) 100 mL 容量瓶,3 只。

(4) 50 mL 容量瓶,5 只。

(5) 5 mL 刻度移液管,5 支。

(6) 1 mL 刻度移液管,3 支。

(7) 50 mL 烧杯,10 只。

(8) $0.1\ mol \cdot L^{-1}$ NaCl 溶液:准确称取经 110 ℃ 烘干的分析纯 NaCl 5.844 g 于小烧杯中溶解,定量转入 1 L 容量瓶中定容,摇匀备用。

(9) $0.1\ mol \cdot L^{-1}$ KNO$_3$ 溶液:准确称取经 110 ℃ 烘干的分析纯 KNO$_3$ 10.109 g 于小烧杯中溶解,定量转入 1 L 容量瓶中,用蒸馏水稀释至刻度,摇匀备用。

(10) $0.1\ mol \cdot L^{-1}\ K_2SO_4$(或 Na_2SO_4)溶液。

(11) 含氯离子水样。

[实验步骤]

(1) 准确配制 $10^{-1} \sim 10^{-6}\ mol \cdot L^{-1}$ NaCl 标准溶液系列。

① $10^{-1}\ mol \cdot L^{-1}$ NaCl 溶液(原储备液)。

② $10^{-2}\ mol \cdot L^{-1}$ NaCl 溶液:移取 5 mL $10^{-1}\ mol \cdot L^{-1}$ NaCl 溶液于 50 mL 容量瓶中,用蒸馏水稀释至刻度,摇匀。

③ $10^{-3}\ mol \cdot L^{-1}$ NaCl 溶液:移取 5 mL $10^{-2}\ mol \cdot L^{-1}$ NaCl 溶液于 50 mL 容量瓶中,

用蒸馏水稀释至刻度,摇匀。

④ 10^{-4} mol·L^{-1} NaCl 溶液:移取 1 mL 10^{-2} mol·L^{-1} NaCl 溶液于 100 mL 容量瓶中,用蒸馏水稀释至刻度,摇匀。

⑤ 10^{-5} mol·L^{-1} NaCl 溶液:移取 5 mL 10^{-4} mol·L^{-1} NaCl 溶液于 50 mL 容量瓶中,用蒸馏水稀释至刻度,摇匀。

⑥ 10^{-6} mol·L^{-1} NaCl 溶液:移取 1 mL 10^{-4} mol·L^{-1} NaCl 溶液于 100 mL 容量瓶中,用蒸馏水稀释至刻度,摇匀。

(2) 准确配制 10^{-1}~10^{-4} mol·L^{-1} KNO_3 标准溶液系列:配制步骤同 NaCl 标准溶液。

(3) 安装、调试好酸度计(环境应无酸雾,也无强烈电磁场干扰)。把 217 型双液接饱和甘汞电极接"+",氯离子选择性电极接"−",用"mV"挡测量电池电动势。将电极对插入蒸馏水中充分搅拌,洗涤至溶液电动势为空白值即恒定值。(搅拌 3 min,静置 1 min,读其空白电位值,直至相邻两次读数相差不超过 10 mV。)

(4) 把上述溶液分别倒入干燥的 50 mL 烧杯中,从稀到浓分别测量 NaCl 和 KNO_3 系列各个溶液的 E 值,填入表 3-4 中。

表 3-4 各溶液的 E 值

E 值/mV \ 离子	浓度/(mol·L^{-1})	10^{-6}	10^{-5}	10^{-4}	10^{-3}	10^{-2}	10^{-1}
主要响应离子 Cl^-	E_A						
干扰离子 NO_3^-	E_B						

(5) 测量未知水样的 E 值(测量前需将电极对插入蒸馏水中充分搅拌,洗涤至空白电位值)。

(6) 洗净电极,关闭电源。氯离子选择性电极经常使用时可浸在蒸馏水中存放,若长期不用可干放,再用时需用蒸馏水充分浸泡,必要时可重新抛光膜表面。

[数据处理]

(1) 用坐标纸作 E-$\lg c_{Cl^-}$ 曲线,求出该条件下该氯离子选择性电极的斜率 S、检测下限和线性范围。

(2) 由未知水样的 E 值从标准曲线上查求水样中氯离子的浓度。(请自拟方案,用标准加入法测定此水样的氯离子浓度,并算出两结果的误差。)

(3) 在上述坐标纸上再画出电极对干扰离子(NO_3^-)的响应曲线。

(4) 将 10^{-1},10^{-2} mol·L^{-1} 浓度下的 E_A,E_B 值和 S 值代入等活度法公式(3-15)算出 $K_{Cl^-,NO_3^-}^{Pot}$ 值。

(5) 任取一 E 值作水平线与两响应曲线相交,由交点向 x 轴作垂线查出 a_{Cl^-} 和 $a_{NO_3^-}$ 值,代入等电位法公式(3-17)算出 $K_{Cl^-,NO_3^-}^{Pot}$ 值。

[思考题]

(1) 如何确定离子选择性电极的线性范围、斜率和检测下限?样品溶液中离子浓度过小或过大时对测量结果有何影响?怎样测定才能得到较准确的结果?

(2) 测定离子选择性电极的选择性系数有哪几种方法?$K_{A,B}^{Pot}$ 有何用途?$K_{A,B}^{Pot}>1$,$K_{A,B}^{Pot}$

=1，$K_{A,B}^{Pot}$<1 各说明什么问题？

(3) 评定离子选择性电极性能好坏的特性参数有哪些？

实验 3-3　电位滴定法测定醋酸的离解常数及浓度

[实验目的]

(1) 掌握电位法确定化学计量点的原理和操作。

(2) 学会电位法(pH 法)测定弱酸离解常数的原理和方法。

(3) 巩固活度、浓度、离解平衡等基本概念。

(4) 熟练掌握酸度计的使用方法。

[实验原理]

将指示电极、参比电极插入被滴溶液中组成测量电池。其电池电动势在一定条件下与被测离子浓度的关系遵守 Nernst 方程。随着滴定剂的加入，滴定反应随即发生，被测离子的浓度也随之变化，电池电动势亦相应地发生变化。当滴定到达化学计量点时，被滴离子浓度发生突变，随即引起电池电动势突跃，所以通过测量电池电动势的突跃或以电动势对相应滴定剂体积作图绘制滴定曲线就可确定滴定终点，求得所需滴定剂的体积，从而算出被测离子浓度。

在酸碱滴定中，通常用玻璃电极作指示电极，饱和甘汞电极作参比电极，其电池电动势与被滴溶液的 pH 值呈直线关系：

$$E = K' + 0.059\text{pH} \quad (25\ ℃) \tag{3-18}$$

在化学计量点附近，依据 pH 值突跃引起的电动势突跃求得滴定终点。

醋酸(HAc)是一元弱酸，在水中存在下列离解平衡：

$$HAC \rightleftharpoons H^+ + Ac^-$$

其混合离解常数 K_{HAc}^M 可表示为：

$$K_{HAc}^M = \frac{a_{H^+}[Ac^-]}{[HAc]} \tag{3-19}$$

当溶液中 HAc 被中和一半时，溶液中 [HAc]=[Ac⁻]，此时有：

$$K_{HAc}^M = \frac{[H^+][Ac^-]}{[HAc]} = a_{H^+} \tag{3-20}$$

即

$$pK_{HAc}^M = \text{pH} \tag{3-21}$$

所以，醋酸的离解常数在数值上等于 HAc 被中和一半时溶液中 H⁺ 的浓度。因此，当用 NaOH 溶液滴定 HAc 时，先用酸度计测定滴定过程中的 pH 值，绘制 pH-V_{NaOH} 滴定曲线(见图 3-3)，再用 45°切线等分法求出化学计量点(HAc 完全被中和)所用 NaOH 溶液的体积 V_e (单位：mL)，其 $V_e/2$ 所对应的 pH 值就是 HAc 的 pK_{HAc}^M 值，由此便可算出测定温度下 HAc 的离解常数 pK_{HAc}^M。

求出 V_e 后，就可以根据 NaOH 的浓度计算出未知溶液中醋酸的浓度。

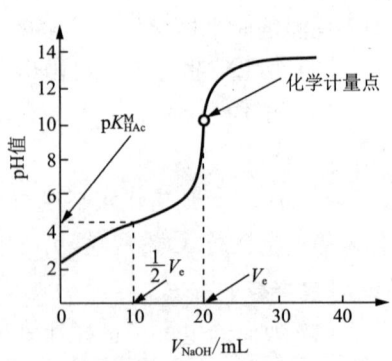

图 3-3　滴定曲线法求 pK_{HAc}^M

[仪器与试剂]

(1) pHS-3C 型数字酸度计(附 231 型玻璃电极、232 型饱和甘汞电极或 E-201-C 型 pH 复合电极),1 台。

(2) 电磁搅拌器(含搅拌磁子),1 台。

(3) 25 mL 移液管,1 支。

(4) 温度计,1 支。

(5) 50 mL 烧杯,2 只。

(6) 0.1 mol·L^{-1} NaOH 标准溶液。

(7) 未知醋酸溶液(约 0.025 mol·L^{-1})。

(8) pH=6.86,9.18 标准缓冲溶液。

[实验步骤]

(1) 按照使用规则调校好酸度计。将温度旋钮调到室温,将选择开关置于 pH 测定状态,并用 pH=6.86 和 9.18 的标准缓冲溶液进行定位。

(2) 用去离子水将电极搅洗干净,并用吸水纸轻轻吸干电极表面。

(3) 准确移取 25.00 mL 0.025 mol·L^{-1} HAc 溶液于已洗净的 50 mL 烧杯中,放入搅拌磁子,将烧杯置于电磁搅拌器上,插入已洗净、吸干的玻璃电极、甘汞电极(或 pH 复合电极),测其初始 pH 值。然后用 NaOH 标准溶液滴定,分段记录 NaOH 标准溶液的体积(单位:mL)和相应溶液的 pH 值。如果加入 0.2 mL NaOH 标准溶液,ΔpH<0.2,则每滴入 0.2 mL NaOH 标准溶液读记一次;否则,ΔpH 每变化 0.2 读记一次。滴定进行到溶液 pH 值为 12 左右为止。

重复取样滴定一次。

[数据处理]

以 pH 值为纵坐标,以加入 NaOH 标准溶液的体积(单位:mL)为横坐标,在坐标纸上绘制 pH-V_{NaOH} 滴定曲线。用 45°切线等分法求出化学计量点时所用 NaOH 溶液体积 V_e,算出 HAc 的浓度。然后根据 $\frac{V_e}{2}$ 值,从曲线上准确查出相应的 pH 值(即 pK_{HAc}^M),算出测定温度下的 pK_{HAc}^M 值。

[附注]

(1) 酸度计的准确性、标准缓冲溶液的质量是影响 K_{HAc}^M 值结果的主要因素。因此,测定前必须对酸度计的准确性进行严格检查,pH 标准缓冲溶液必须正确新鲜配制。

(2) 每次读数前都要充分搅拌 1~2 min,然后在静态下读其 pH 值。

(3) 实验前应估算出化学计量点时溶液的 pH 值,以防滴定失败。

[思考题]

(1) 若实验所用烧杯内有水,对 HAc 的浓度、pK_{HAc}^M 测定有无影响?为什么?

(2) 定位调节旋钮的作用是什么?

(3) 温度补偿调节旋钮的作用是什么?

(4) 斜率补偿调节旋钮的作用是什么?

实验 3-4　直接电位法——用氟离子选择性电极测定水中微量氟

[实验目的]

(1) 掌握用离子选择性电极测定微量离子的原理和实验方法。

(2) 了解测定微量氟的意义和方法。

[实验原理]

水中氟含量的高低对动、植物有一定影响。饮用水中氟含量太低易使人患龋齿病，过高易患氟斑牙或发生氟中毒，其适宜含量为 0.5 mg·L^{-1} 左右。氟含量超过 1.4 mg·L^{-1} 的水禁止饮用。

氟离子选择性电极法测定水中氟含量是环境监测和水处理中常用的测定方法。氟离子选择性电极法操作简便，干扰因素少，不需对水样进行预处理，现已广泛用于各种样品中氟的测定。现将其原理介绍如下：

氟离子选择性电极由氟化镧单晶膜制成，其电极电位 φ_{F^-} 与 F^- 活度的关系符合 Nernst 方程：

$$\varphi_{F^-} = K - \frac{2.303RT}{F} \lg a_{F^-} \tag{3-22}$$

它与参比电极(SCE)一起插入含 F^- 试液组成电池，当控制试液的离子强度保持恒定时，其电池的电动势可表示为：

$$E = \varphi_{SCE} - \varphi_{F^-} = \varphi_{SCE} - K + \frac{RT}{F} \ln a_{F^-} = \varphi_{SCE} - K + \frac{2.303RT}{F} \lg \gamma_{F^-} + \frac{2.303RT}{F} \lg c_{F^-} \tag{3-23}$$

即

$$E = K' + S \lg c_{F^-} \tag{3-24}$$

式中，K' 与 φ_{SCE}，$\varphi_{内}$ (内参比电极的电位)，$\varphi_{液}$ (液接电位)，$\varphi_{不}$ (膜不对称电位)及活度系数 γ 有关，在一定条件下为常数；S 为斜率，它与温度、离子选择性电极性质有关，一般为 55~65 mV(理论值为 $\frac{2.303RT}{F}$=59.2 mV)。一定温度下，每只电极都有其固定的 S 值。所以，电动势 E 与 F^- 浓度的对数 $\lg c_{F^-}$ 呈直线关系。这就是用氟离子选择性电极(电位法)测定 F^- 的理论依据。

由于常数 K' 中 $\varphi_{液}$，$\varphi_{不}$ 和 γ 未知且难以计算，所以在直接电位法中一般不能从测得的电动势用式(3-24)计算 F^- 的浓度。在实际应用中，常采用以下三种方法进行 F^- 浓度的测定和计算。

1) 标准曲线法

将电极对置于一系列已知浓度的氟标准溶液中测其电动势 E，并以 E 对 $\lg c_{F^-}$ 作图绘制标准曲线，如图 3-4 所示。然后用与配制标准系列溶液相同的步骤配制未知样品溶液，并用同一对电极在相同条件下测其电动势 E，即可从标准曲线上查出与之相对应的 F^- 浓度 c_{F^-}，标准曲线的斜率即为电极的实际斜率。

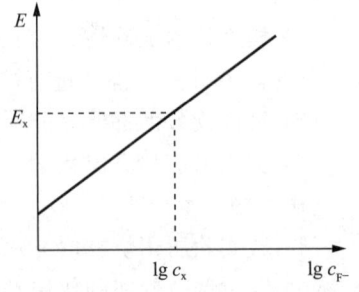

图 3-4　氟离子选择性电极的工作曲线

2) 标准加入法

当样品溶液成分复杂、组成变化比较大时可采用此法。测定分两步进行：先测未知样品溶液(体积为 V_x)的电动势为 E_x，然后向未知样品溶液中加入体积为 V_s(约为 $\dfrac{V_x}{100}$)的标准溶液(浓度为 c_s)，再测其电动势为 E_{x+s}，用下式算出待测 F^- 的总浓度：

$$c_{F^-} = \dfrac{c_s}{10^{\frac{\Delta E}{S}}\left(\dfrac{V_x}{V_s}+1\right)-\dfrac{V_x}{V_s}} \tag{3-25}$$

其中，$\Delta E = E_{x+s} - E_x$，S 为电极的实际斜率。

3) 格氏(Gran)作图法

本法属于连续(多次)等体积标准加入法图解求离子浓度的一种实验技术，其测定步骤与标准加入法相似，即在第一次标准加入的基础上再继续加入 4~5 次(共标准加入 5~6 次)，分别测出各次加入后溶液的电动势($E_1, E_2, E_3, \cdots, E_i$)，以 $(V_x + V_{si})10^{E_i/S}$ 对加入的累加体积 V_{si}(i 为添加次数)作图得一直线，外延该直线与横轴交于 V_s^0，由 V_s^0 即可求算出未知样品溶液中的离子浓度(见图 3-5)。所依据的原理是标准溶液加入后式(3-24)的 Nernst 方程可写成：

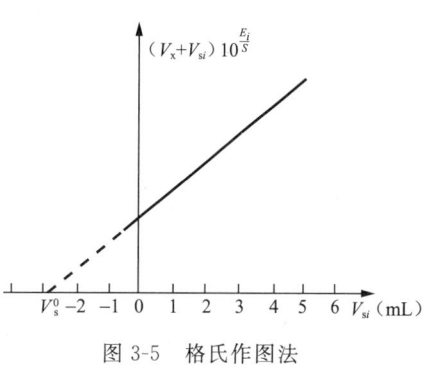

图 3-5 格氏作图法

$$E_i = K' + S\lg\dfrac{c_{F^-}V_x + c_s V_{si}}{V_x + V_{si}} \tag{3-26}$$

即

$$(V_x + V_{si})10^{\frac{E_i}{S}} = 10^{\frac{K'}{S}}(c_{F^-}V_x + c_s V_{si}) \tag{3-27}$$

由式(3-27)可知，当以 $(V_x + V_{si})10^{E_i/S}$ 对 V_{si} 作图所得直线外推与横轴相交时，其交点 V_s^0 的纵坐标 $(V_x + V_{si})10^{\frac{E_i}{S}} = 0$，即

$$c_{F^-}V_x + c_s V_s^0 = 0$$

所以：

$$c_{F^-} = -\dfrac{c_s V_s^0}{V_x} \tag{3-28}$$

因此，将交点的 V_s^0(负值)代入式(3-28)即得被测离子的总浓度。

为了控制溶液的离子强度恒定、pH 值不变和消除 Fe^{3+} 及 Al^{3+} 的干扰，测 F^- 浓度时需要加入 pH=5.5 的总离子强度调节缓冲液(Total Ionic Strength Adjustment Buffer,简称 TISAB)。

[仪器与试剂]

(1) 酸度计(附 232 型饱和甘汞电极、氟离子选择性电极)，1 台。

(2) 电磁搅拌器(附多个搅拌磁子)，1 台。

(3) 50 mL 容量瓶，6 只。

(4) 100 mL 容量瓶，1 只。

(5) 1 L 容量瓶，1 只。

(6) 100 mL,150 mL 塑料烧杯,各 1 只。

(7) 1 mL,5 mL,10 mL 刻度移液管,各 1 支。

(8) 50 mL 移液管,2 支。

(9) 10 mL 移液管,1 支。

(10) 氟标准溶液:将分析纯 NaF 在 120 ℃下烘干 2 h,于干燥器中冷却到室温后,称取 0.2210 g 溶于去离子水中,定量转入 1 L 容量瓶中定容,得 100 mg·L^{-1} 的氟标准溶液储存于聚乙烯瓶中,备用。

将上述溶液稀释 10 倍,即得 10 mg·L^{-1} 的氟标准溶液。

(11) 总离子强度调节缓冲液(TISAB):称取 29 g NaCl 和 5.9 g 柠檬酸钠($Na_3C_6H_5O_7 \cdot 2H_2O$)溶于 500 mL 去离子水中,加入 57 mL 冰醋酸和 6 mol·L^{-1} NaOH 溶液 150 mL,搅匀,冷至室温后,用酸度计作指示,将溶液调至 pH=5.5±0.1。转移溶液到 1 L 容量瓶中定容,即得含 0.5 mol·L^{-1} NaCl,0.02 mol·L^{-1} 柠檬酸钠的 pH=5.5 的 TISAB 溶液。

(12) 含 F$^-$ 水样。

[实验步骤]

1) 溶液配制

(1) 标准系列的配制:用刻度移液管分别移取 10 mg·L^{-1} 氟标准溶液 1.00,2.00,4.00,6.00,8.00,10.00 mL 于 6 只 50 mL 容量瓶中,各加入 TISAB 溶液 10 mL,用去离子水稀释至刻度,摇匀,即得氟离子浓度相应为 0.20,0.40,0.80,1.20,1.60,2.00 mg·L^{-1} 的标准系列。

(2) 水样的稀释处理:移取 F$^-$ 含量<4 mg·L^{-1} 的水样 50 mL 于 100 mL 容量瓶中,加入 TISAB 溶液 20 mL,用去离子水稀释至刻度,摇匀。

2) 电极清洗

将电极连接好(SCE 接参比电极接线柱,氟离子选择性电极接指示电极接线柱),并插入去离子水中,按酸度计使用规则校正好仪器(mV 挡)。开动搅拌器,搅洗电极 3 min,停止搅拌后读其静态下的稳定电位值(mV),若没达到氟离子选择性电极的空白值,需更换去离子水,继续搅洗,如此反复,直到达到电极的空白值为止。

3) 标准曲线测绘

将配制好的标准系列溶液由稀到浓依次倒入 100 mL 塑料烧杯中,放入搅拌磁子,插入清洗合格的电极(应用滤纸吸去水滴),搅拌 2 min,读其静态下的稳定电位值。照此测量、记录各标准溶液的电位值。每次更换溶液时,都必须用滤纸吸干电极上附着的溶液。

4) 水样测定

重新用去离子水清洗电极至空白电位值。

移取稀释处理后的水样 50 mL 于干净的 150 mL 的塑料烧杯中,按照上述 3)的方法测量、记录水样的电位值(E)。然后,每加入 100 mg·L^{-1} 的氟标准溶液 0.5 mL 就测量、记录一次电位值,连续标加 5 次,记录各累加体积及其相应的电位值($E_1,E_2,\cdots,E_5$)。

[数据处理]

(1) 在坐标纸上以 E 对 $\lg c_{F^-}$ 作图,绘制标准曲线,求出该条件下电极的实际斜率。

(2) 根据所测水样的电位值从标准曲线上查出稀释处理后水样中氟离子的含量 $\lg c_{F^-}$(mg·L^{-1}),并计算出原水样中氟离子的含量 c_{F^-}(mg·L^{-1})。

(3) 用标准加入法公式(3-25)算出原水样的氟离子浓度。其中，$c_s =$ 100 mg·L^{-1}，$V_x =$ 25 mL，$V_s =$ 0.5 mL，$\Delta E = E_1 - E$，S 值为实际求得值。也可用下面简化公式进行计算：

$$c_{F^-} = \frac{2}{10^{\frac{\Delta E}{S}} - 1}$$

(4) 用格氏作图法所得直线外推至横轴得 V_s^0，代入式(3-28)，算出水样中氟离子的含量。

(5) 比较三种方法测得的结果，并加以扼要讨论。

[附注]

(1) 氟离子选择性电极在使用前应在纯水中浸泡数小时或过夜。氟离子选择性电极连续使用的间隙应浸在水中，长久不用时则风干保存。若氟离子选择性电极发生钝化，可用00号金相砂纸小心抛光。

(2) 电位平衡时间随 F$^-$ 浓度的降低而延长，一般可在几分钟内达到平衡。测定时，待平衡电位在 2 min 内无明显变化时即可读数。

(3) 标准加入氟溶液的浓度应为 $100 c_{F^-}$，标准加入量应使 ΔE 等于 30~40 mV 为宜。

(4) 标准加入法中所用 S 值应以实际求得值代入。

[思考题]

(1) TISAB 溶液由哪些物质配成？在实际中各起何作用？

(2) 本实验中所用三种测量方法各有何优缺点？

(3) 用离子选择性电极(ISE)测定溶液中离子浓度时，为什么要控制溶液的离子强度？

第4章 库仑分析法

4.1 方法原理

库仑分析法是在电解分析法的基础上发展起来的一种电化学分析法，是通过测量溶液中待测组分被完全电解时所消耗的电量（单位为库仑）来求得被测物质含量的方法，因此也称为电量分析法。

库仑分析法可分为控制电位库仑分析法和控制电流库仑分析法（又称为恒电流库仑滴定法）两类。库仑分析法的理论基础是法拉第定律，其关系式为：

$$W = \frac{QM}{Fn} = \frac{itM}{Fn} \tag{4-1}$$

式中 W——电极上析出物质的质量，g；

Q——通过电解池的电量，C；

M——待测物质的摩尔质量，$kg \cdot mol^{-1}$；

n——电子转移数；

F——法拉第常数，$F=96\ 487\ C \cdot mol^{-1}$；

i——电流，A；

t——时间，s。

用库仑分析法测定时，要求在工作电极上没有任何电极反应发生，电流效率必须是100%，这样可以根据电解过程中消耗的电量 Q，由法拉第定律求得被测物质的质量 W。

4.2 库仑滴定分析仪

任何形式的库仑滴定装置都是由直流恒电流电源、计时装置、库仑滴定池（即电解池）三部分组成的。

自装简易库仑滴定装置可由晶体管直流恒电流发生器（或多个干电池串联可变电阻）、秒表、电解池（铂工作电极插入烧杯中）组成，串联一毫安表指示恒电流值。各组件的精度应随测定对精度要求的不同而进行相应的选择。

商品库仑滴定仪型号很多，现仅介绍 KD-771B 与 KLT-1 库仑滴定仪的工作原理与使用方法。

1) KD-771B 库仑滴定仪

KD-771B 库仑滴定仪电路接线图如图 4-1 所示。仪器设有恒电流源、电解池、电位数字显示、电解时间数字显示和终点自锁电路,可用电位法、电流法指示终点。

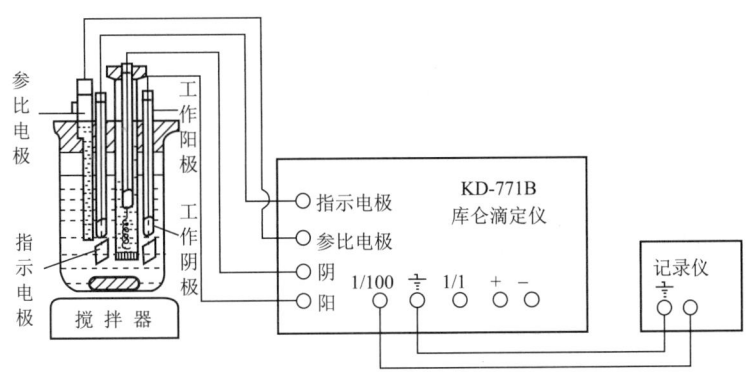

图 4-1 KD-771B 库仑滴定仪接线图

滴定开始后,接通恒电流源并开始计时。

滴定过程中,库仑滴定池内铂工作电极电解产生滴定剂滴定被测物质,终点指示电极产生的指示信号经高输入阻抗运算放大器放大,将滴定控制信号进行电位数字显示,并同时用数字显示连续跟踪记录"有效"滴定时间。

当滴定至终点时(实时电位与预置值的电位差 $\Delta E = 0$),电路自锁,切断恒电流源,滴定停止,计时也同时停止。此时即可根据恒电流值和数字显示记录的库仑滴定过程中的全部"有效"滴定时间计算电量,求得待测物的含量。

仪器的计时范围为 $0 \sim 999.99$ s,精度为 $\pm 5 \times 10^{-5}$ s。恒电流分 0.1,0.25,0.5,1,5,10,20,30,40,50 mA 共 10 挡,精度为 $\pm 5 \times 10^{-4}$ mA。终点补偿电位在 $0 \sim \pm 1\,000$ mV 范围内连续可调。

2) KLT-1 通用库仑仪

仪器设计采用的是恒电流库仑滴定的原理,但由于电量的计算采用电流对时间的积分,所以对电解电流的恒定精度要求不高,而由于电压-频率变换采用集成电路,所以计算精度较高。

随机配用的铂电解池采用四电极系统,其中电解电极和指示电极各为两只。电解电极由一双铂片和另一根有砂芯隔离的铂丝组成,电解阴极和阳极视哪个是有用电极而定。有用电极多采用双铂片,充分考虑电流效率能达 100%,所以双铂片总面积约为 900 mm^2,以适应做多种元素的库仑分析。

电流法指示电极采用两只相同的铂片组成;电位法指示电极由一只铂片和一只参考电极组成。仪器由终点方式选择开关、控制电路、电解电流交换装置、电流对时间的积算电路、数字显示电路五大部分组成。仪器方框图如图 4-2 所示。

使用时要注意,开机后必须预热 10 min 以上才可进行滴定。

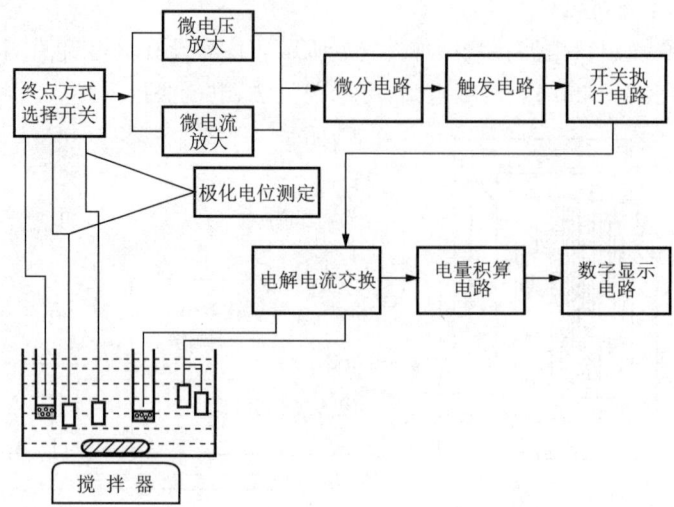

图 4-2 KLT-1 通用库仑仪方框图

4.3 实验项目

实验 4-1 恒电流库仑滴定法测定 $Na_2S_2O_3$ 溶液的浓度

[实验目的]
(1) 了解 KD-771B 库仑滴定仪的工作原理。
(2) 了解自制库仑滴定装置的结构和工作原理。
(3) 掌握库仑滴定法确定终点的方法和实验步骤。
(4) 掌握库仑滴定法确定未知 $Na_2S_2O_3$ 溶液浓度的方法和基本原理。

[实验原理]

在酸性及 pH<8.5 的弱碱性介质中，I^- 易被氧化为 I_2：

$$2I^- = I_2 + 2e \qquad \varphi^\ominus = 0.535 \text{ V}(25\ ℃) \tag{4-2}$$

如果用铂电极作阳极，则碘离子在阳极氧化时的过电位极小，很容易达到接近 100% 的电流效率，此时如果用另一铂电极作阴极，则可构成电解池，其阴极反应为：

$$2H^+ + 2e = H_2 \uparrow \qquad \varphi^\ominus = 0(25\ ℃) \tag{4-3}$$

如果对电解池通一恒定不变的电流，则在恒流作用下，I^- 将连续电解并均匀地产生 I_2，生成的 I_2 和溶液中共存的 $Na_2S_2O_3$ 瞬间完全反应：

$$I_2 + 2Na_2S_2O_3 = 2NaI + Na_2S_4O_6 \tag{4-4}$$

这种滴定方法称为恒电流库仑滴定法。滴定终点的指示可采用电位法、"死停终点法"及指示剂法等。电位法是利用终点前后电位的突变来指示终点的。"死停终点法"也称为电流法，是在电解池溶液中插入一对指示电极，并在两指示电极上加一小电压（10~150 mV），使电极极化并产生微小电流（其大小通过检流计的零点位置确定，零点位置一般在 $T=20\%$ 处）。滴定开始前溶液中只有 $S_2O_3^{2-}$ 和 I^-，没有电流发生，当电解产生 I_2 后，溶液中有 $S_2O_3^{2-}$、$S_4O_6^{2-}$ 和 I^-，而 I_2 极少，所以仍没有电流，故称"死停"。当溶液中的 $Na_2S_2O_3$ 刚好反应完全后,过量 I_2 与 I^- 组成的 $I_2/2I^-$ 电对是可逆体系,在外加微小电压作用下发生电极反应而产生电流,此时检流计指针迅速偏转,指示终点到达,并同时停止计时。此外,在溶液中加入淀粉指示剂,当溶液刚好变蓝时,表示 I_2 过量,停止电解并计时。

在整个滴定过程中,氧化 I^- 为 I_2 所消耗的电量 Q 可由恒电流 i 和电解时间 t 求得,即

$$Q = it \tag{4-5}$$

根据法拉第电解定律及 I_2 与 $Na_2S_2O_3$ 之间的物质的量的关系,可由下式求得 $Na_2S_2O_3$ 溶液的浓度。

因为

$$n(I^-) = \frac{it}{96\ 487}, \qquad n(Na_2S_2O_3) = c(Na_2S_2O_3)V(Na_2S_2O_3)$$

$$n(I^-) = n(Na_2S_2O_3)$$

所以

$$c(Na_2S_2O_3) = \frac{it}{96\ 487 V(Na_2S_2O_3)} \tag{4-6}$$

式中　i——电解氧化 I^- 所用的恒电流,A;

　　　$V(Na_2S_2O_3)$——所取 $Na_2S_2O_3$ 试样溶液的体积,L;

　　　t——电解时间,s;

　　　$c(Na_2S_2O_3)$——$Na_2S_2O_3$ 溶液的浓度,mol·L^{-1};

　　　$n(I^-),n(Na_2S_2O_3)$——I^- 和 $Na_2S_2O_3$ 的物质的量,mol。

凡能用碘量法进行测定的物质都可用本法测定。

在强酸性介质中,I^- 易被空气中的氧气所氧化,从而造成误差,故在测定中应通入 N_2 以防 I^- 被氧化而造成误差。

[仪器与试剂]

(1) KD-771B 库仑滴定仪(或 KLT-1 通用库仑仪,其使用方法参见实验 4-2)及电解池、电极等成套装置,1 套。

(2) 电磁搅拌器(附搅拌磁子),2 台。

(3) LZ3 函数记录仪,1 台。

(4) 电极:铂片电极 6 只,饱和甘汞双盐桥电极 2 只。

(5) 5 mL 移液管,1 支。

(6) 25 mL,20 mL,5 mL 量筒,各 1 个。

(7) 0.2 mol·L^{-1} KI 溶液:8.3 g 分析纯 KI 溶于 250 mL 蒸馏水中。

(8) 0.2% 淀粉溶液:称量 0.2 g 可溶性淀粉于小烧杯中,加少量水调成糊状,然后倒入 100 mL 沸水中,继续搅拌,煮沸至溶液透明。

(9) 1 mol·L^{-1} HCl 溶液。

(10) 未知 $Na_2S_2O_3$ 溶液(约 0.01 mol·L^{-1})。

[实验步骤]

1) 滴定曲线(E-t 曲线)及预置终点电位的确定

(1) 按操作规程连接好滴定装置及记录仪的线路。

(2) "滴校开关"置"0",开机预热 10~15 min,同时打开 LZ3 函数记录仪电源预热。

(3)"终点检出方式"置"U","滴定形式选择"置"连续","终点补偿电位极性选择"置"+","恒流"置 20 mA。

(4)调节 LZ3 函数记录仪:"X 量程"置 10 s·cm^{-1},"Y 量程"置 50 mV·cm^{-1}。

(5)在洗净的电解池中加入 25 mL 0.2 mol·L^{-1} KI 溶液、20 mL 1 mol·L^{-1} HCl 溶液及 5 mL 淀粉溶液。

(6)用库仑滴定仪的"终点电位补偿"旋钮调节"电位显示"至 600 mV(或最大),开启电磁搅拌器。

(7)加约 0.01 mol·L^{-1} Na$_2$S$_2$O$_3$ 溶液 5.00 mL 于电解池中。

(8)调记录仪的零位于记录纸上方某处,放下记录笔,将"X-T"置"T",库仑滴定仪"滴校开关"置"U",此时可记录如图 4-3 所示的滴定曲线。记录仪抬笔,并将"滴校开关"置"0"。

(9)根据滴定曲线,用 45°切线等分法求出化学计量点的电位 φ',其初始电位 φ_0 设为 600 mV,则可按下式求出预置电位:

$$预置电位 = 初始电位 - 化学计量点电位 = \varphi_0 - \varphi' \tag{4-7}$$

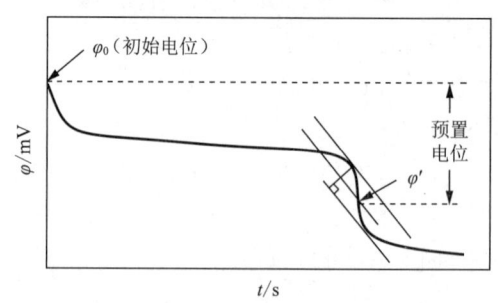

图 4-3 滴定曲线及预置电位求法示意图

2) 电位法指示终点测定 Na$_2$S$_2$O$_3$ 溶液的浓度

(1)底液配制:在洗净的电解池中加 25 mL 0.2 mol·L^{-1} KI 及 20 mL 1 mol·L^{-1} HCl 溶液,再加 5 mL 淀粉(只作终点参考)。

(2)预滴定:用"终点电位补偿"旋钮调节"电位显示"至预置电位值;"滴定形式选择"置"连续";开动电磁搅拌器;"滴校开关"置"U","恒流"置 20 mA。预滴定到时间显示静止不动为止。

(3)电位复位:"滴校开关"置"U"不动,用 0.001 mol·L^{-1} 稀 Na$_2$S$_2$O$_3$ 缓慢调节至电位预置值;"滴校开关"复置"0"。

(4)加样:向电解池中迅速准确加入 5.00 mL 被测 Na$_2$S$_2$O$_3$ 溶液。

(5)滴定:调好记录仪零点,放下记录笔,将"X-T"置"T",同时将"滴校开关"置"U",滴定开始,计时器记录滴定时间,直到滴定终点时停止;记录纸记录滴定曲线,至笔走直线时抬笔,并立即把"X-T"置"X"。

(6)重复(3),(4),(5)操作 3 次。3 次平行结果的相对偏差应≤1%。

[数据处理]

记录 KD-771B 库仑滴定仪滴定时的恒流及电解时间(可参照库仑滴定仪上时间显示器所显示的时间及记录纸上所记录的滴定曲线拐点位置求出的时间)于表 4-1 中,并计算 c(Na$_2$S$_2$O$_3$)填入表 4-1 中。

表 4-1　恒电流库仑滴定法测定 $Na_2S_2O_3$ 浓度的原始记录及结果

滴定装置	未知液体积 $V(Na_2S_2O_3)$/mL	恒电流 i/A	电解时间 t/s	$Na_2S_2O_3$ 溶液的浓度 $c(Na_2S_2O_3)$/(mol·L^{-1})
KD-771B 库仑滴定仪				
	$Na_2S_2O_3$ 溶液浓度的平均值			

[附注]

(1) 用 0.01 mol·L^{-1} $Na_2S_2O_3$ 调节滴定的零电位时，应缓慢调节，不可过量，否则会给测定结果带来误差。

(2) 电解时工作电极阴极应装入玻璃套管中，套管下端用熔结玻璃片（或多孔玻璃片）封闭，与阳极分开，以防止电解滴定过程中电极反应产物发生干扰。

(3) 在使用记录仪时，应根据恒电流的大小和电解时间选择合适的"X 量程"和记录笔零点位置，以防记录笔超量程。

(4) 本法也可测定 AsO_3^{3-} 的含量。在相同条件下用 25 mL 磷酸盐缓冲溶液（7.8 g $NaH_2PO_4·2H_2O$ 和 2 g NaOH 溶解后稀释至 250 mL，pH 为 7~8）和 25 mL 0.2 mol·L^{-1} KI 溶液相混作电解液，放入一定量的亚砷酸盐未知样（500 μg 左右）即可进行测定。亦可测定 S^{2-}，SO_3^{2-} 等可被 I_2 定量氧化的离子。若以 KBr 代替 KI 则可电解产生 Br_2，可用于测定溴含量等。总之，库仑分析广泛应用于石油化工和环保等许多方面，尤其是微量物质（硫、氮、氯、水等）的测定方面，如油品中微量硫的微库仑法测定等。

[思考题]

(1) 电解液中加入 KI 及 HCl 的作用是什么？

(2) 库仑滴定法对电流效率有什么要求？如果不满足要求，则对分析结果将产生怎样的影响？

(3) 本实验工作电极对中，阴极与测定体系用玻璃套管隔离，此时阴、阳极的电极反应如何？若阴、阳极不隔开将产生什么后果？

(4) 为什么工作电极要使用面积较大的铂片而不能使用细铂丝？

实验 4-2　恒电流库仑滴定法测定砷含量

[实验目的]

(1) 掌握库仑滴定法的基本原理。

(2) 学会恒电流库仑滴定仪的使用技术。

(3) 掌握恒电流库仑滴定法测定微量砷的实验方法。

[实验原理]

库仑滴定是通过电解产生的物质作为滴定剂来滴定被测物质的一种分析方法。在分析时，以 100% 的电流效率产生一种物质（滴定剂），能与被分析物质进行定量的化学反应，反应的终点可借助指示剂、电位法、电流法等进行确定。这种滴定方法所需的滴定剂不是由滴定管加入的,而是借助于电解方法产生的,滴定剂的量与电解所消耗的电量成正比,所以称为库仑滴定。

本实验是采用恒电流 10 mA 电解碘化钾的缓冲溶液(用碳酸氢钠控制溶液的 pH 值)产生的碘来测定砷的含量。在铂电极上碘离子被氧化为碘,然后与试剂中的砷(Ⅲ)反应,当砷(Ⅲ)全部被氧化为砷(Ⅴ)后,过量的微量碘在铂指示电极上发生的还原反应指示终点,此终点的指示方法为电流法,也叫死停终点法。根据电解所消耗的电量(Q),按法拉第定律计算溶液中砷(Ⅲ)的含量。

在此电解滴定过程中,电解阳极产生库仑滴定剂 I_2,其电极反应如下:
$$2I^- - 2e \longrightarrow I_2 \tag{4-8}$$

产生的 I_2 与溶液中的 As^{3+} 有如下反应:
$$I_2 + AsO_3^{3-} + H_2O \Longleftrightarrow AsO_4^{3-} + 2H^+ + 2I^- \tag{4-9}$$

[仪器与试剂]

(1) KLT-1 通用库仑仪,1 台。

(2) 电磁搅拌器(附搅拌磁子),1 台。

(3) 铂片电极(作工作电极),1 只。

(4) 铂丝电极,1 只。

(5) 隔离管,1 支。

(6) 双铂片电极(作指示电极),2 只。

(7) 亚砷酸溶液:约 10^{-4} mol·L^{-1}。(用硫酸微酸化以使之稳定。)

(8) 碘化钾缓冲溶液:溶解 60 g 碘化钾、10 g 碳酸氢钠,然后稀释至 1 L,加入亚砷酸溶液 2~3 mL,以防止被空气氧化。

(9) 硝酸溶液:$V(HNO_3):V(H_2O)=1:1$。

(10) 1 mol·L^{-1} 硫酸钠溶液。

[实验步骤]

(1) 将铂电极浸入 1:1 硝酸溶液中,1 min 后取出,用蒸馏水冲洗,再用滤纸吸掉水珠。

(2) 打开仪器电源,预热库仑仪。

(3) 量取碘化钾缓冲溶液 70 mL 置于电解池中,滴加 1 滴亚砷酸溶液,放入搅拌磁子,将电解池放在电磁搅拌器上。将电极系统装在电解池上(注意铂片要完全浸入试液中),在阴极隔离管中注入 1 mol·L^{-1} 硫酸钠溶液,至管容积的 2/3 部位。铂片电极接"阳极",隔离管中的铂丝电极接"阴极"。启动搅拌器,接好指示电极连线。

(4) "量程选择"置 10 mA,"工作,停止"开关置工作状态,按下"电流"和"上升"键,再同时按下"极化电位"和"启动"键,微安表指针读数应小于 20 μA,如果读数较大,应调节"补偿极化电位"旋钮使其达到要求。弹起"极化电位"键,按下"电解"按钮,开始电解。当终点指示灯亮时,停止电解。电量表显示值<50 mC 时,表明仪器处于正常状态。弹起"启动"键,再滴加 1~2 滴亚砷酸溶液,按下"启动"键,按下"电解"按钮开始电解。当终点指示灯亮时,表示到达终点。

(5) 准确移取亚砷酸 2.00 mL 置于上述电解池中,按下"启动"键,按下"电解"按钮开始电解。当终点指示灯亮时,表示到达终点。记下电解电量(单位为 mC)。弹起"启动"键,再加入 2.0 mL 亚砷酸溶液,按下"启动"键,按下"电解"按钮。采用同样步骤测定。重复实验

3次。

[数据处理]

根据几次测量的结果算出电量(单位为 mC)的平均值。按法拉第定律计算亚砷酸的含量(单位为 $mol \cdot L^{-1}$)。

[思考题]

(1) 写出滴定过程中工作电极上的电极反应和溶液中的化学反应。

(2) 写出指示电极上的电极反应。

(3) 碳酸氢钠在电解溶液中起什么作用?

第 5 章 极谱与伏安分析法

5.1 方法原理

极谱分析法与伏安分析法是一类特殊的电解分析法,都是以小面积的工作电极与参比电极组成电解池,电解被分析组分的稀溶液,根据电解过程中所测得的电流-电压曲线进行定性、定量分析的电化学分析法。两者的区别在于工作电极不同:凡使用滴汞或其他表面作周期性更新的液体电极作工作电极的,称为极谱分析法(Polarography);凡使用固体电极或表面静止的电极作工作电极的,如悬汞电极、汞膜电极、铂金属圆盘电极、玻碳电极等,称为伏安分析法(Voltammetry)。

极谱分析法定量分析的基础是扩散电流方程。所谓扩散电流,是指电极反应可逆,其电流大小只受扩散速度所控制的电解电流。当汞滴落下时电流降到零,然后随汞滴增长电流迅速增至最大。从 $t=0$ 到 $t=\tau$(滴汞周期,即汞滴从生成到滴落所需的时间)的电流平均值称为平均极限扩散电流,以 $\bar{i}_\mathrm{d}$ 表示,有:

$$\bar{i}_\mathrm{d} = 605 n D^{1/2} m^{2/3} \tau^{1/6} c \tag{5-1}$$

式中 $\bar{i}_\mathrm{d}$——平均极限扩散电流,$\mu\mathrm{A}$;

n——电子转移数;

D——扩散系数,$\mathrm{cm}^2 \cdot \mathrm{s}^{-1}$;

m——汞滴流速,$\mathrm{mg} \cdot \mathrm{s}^{-1}$;

τ——滴汞周期,s;

c——待测离子浓度,$\mathrm{mmol} \cdot \mathrm{L}^{-1}$。

上式通常称为扩散电流方程式或尤考维奇(Ilkovic)方程式。

在极谱图上,极限扩散电流的大小常用波高来表示。通过测量波高(相对波高)并选用合适的定量分析方法,即可以测得待测物质的准确浓度。

当电流等于极限扩散电流一半时,滴汞电极的电位等于半波电位 $E_{1/2}$。在一定的实验条件下,半波电位的数值与被测离子的浓度无关,仅取决于被测离子的本性,如图 5-1 所示,这可作为定性分析的依据。

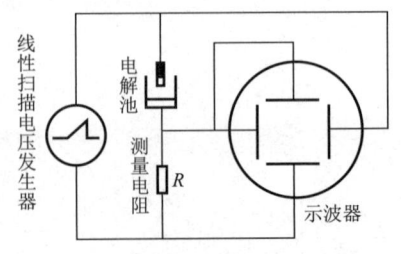

图 5-1 示波极谱法基本原理示意图

5.2 近代极谱法与伏安法

经典极谱法由于残余电流的存在,无法提高其灵敏度,同时其分辨率也比较低,为了改善这些问题,发展了多种极谱与伏安分析的新技术,现简介如下。

1) 单扫描极谱法

单扫描极谱法又称为线性扫描示波极谱法,或简称示波极谱法。该方法是在经典极谱法的基础上,在单滴汞生长的后期,将一个线性变化的矩形脉冲电压信号施加于两个电极上,电压扫描速率约为 250 mV/s,比直流极谱约快 50 倍,在每个汞滴上都可获得一个由示波器记录的完整电流-电压曲线。极谱图呈驼峰型,如图 5-2 所示。

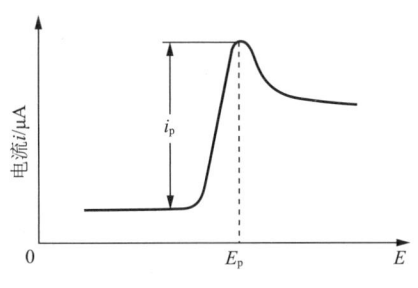

图 5-2 示波极谱法基本原理示意图

在测定条件固定不变时,峰电流 i_p 与被测物浓度呈正比;峰电位 E_p 与半波电位 $E_{1/2}$ 有如下的关系[式(5-2)],可用于定性分析。

$$E_p = E_{1/2} \pm 1.1 \frac{RT}{nF} \tag{5-2}$$

2) 脉冲极谱法

脉冲极谱法主要是为了克服电容电流,提高灵敏度和分辨率,它是在汞滴生长后期在其即将滴下之前的很短时间间隔中,施加一个矩形脉冲电压(振幅为 2~100 mV,脉冲持续时间为 60 ms),然后记录脉冲电解电流与电位的关系曲线而进行定性、定量分析的方法。该方法广泛用于矿石、合金、纯物质中微量、痕量成分的测定,也可用于有机物、药物、环境污染物的分析测定。

3) 循环伏安法

循环伏安法是以快速扫描形式施加等腰三角波脉冲电压,完成一个还原过程和一个氧化过程的循环,故称循环伏安法。循环伏安曲线包括上、下两支,有两个峰电流即阴极峰电流 i_{pc} 和阳极峰电流 i_{pa},有两个峰电位即阴极峰电位 E_{pc} 和阳极峰电位 E_{pa},其峰电位差以 ΔE_p 表示,这些都是重要的参数,是研究电极反应过程机理的重要手段。对于可逆体系,则曲线的上、下两支是对称的。

4) 溶出伏安法

溶出伏安法又称反向溶出伏安法,是一种将电解富集和溶出测定有机结合在一起的伏安法。该法首先通过预电解使被测物电沉积在微电极上,然后施加反向电压使富集在微电极上的物质重新扫描溶出,根据溶出过程中记录的伏安曲线(极化曲线)进行定量分析。该法分为阳极溶出伏安法和阴极溶出伏安法。汞电极阳极溶出伏安法可在盐酸介质中测定痕量铜、铅、镉等离子;汞电极阴极溶出伏安法可以测定与 Hg(Ⅱ)或 Hg(Ⅰ)形成难溶盐的阴离子,如 Cl^-、Br^-、I^-、S^{2-}、$C_2O_4^{2-}$ 等。

5.3 极谱仪与伏安分析仪

1) JP-1A 型示波极谱仪

JP-1A 型示波极谱仪是用作单扫描极谱测定的一种电子分析仪器。它由电源、示波主机和电极架三部分组成,如图 5-3 所示。

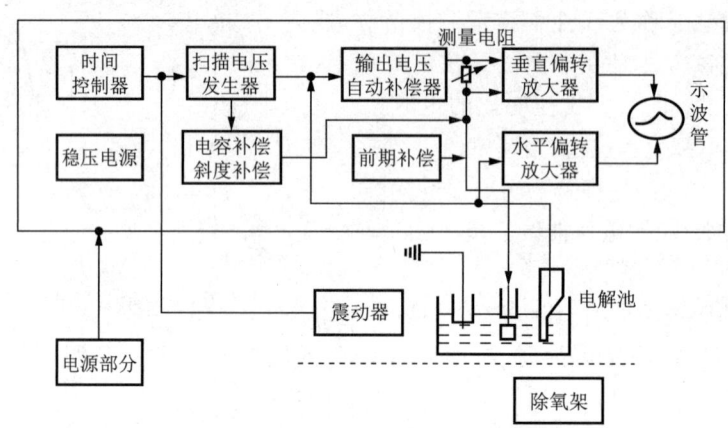

图 5-3　JP-1A 型示波极谱仪的结构示意图

(1) 电源部分:包括磁饱和稳压器、电源变压器和整流管。它为主机提供各电子管所需的灯丝电压及正、负直流电压和示波管所需的直流高压电。电源部分还设有高压延时电路,使仪器中电子管在接通灯丝电源后经 1 min 左右再加上高压,以保护电子管和加快仪器达到稳定工作状态。

(2) 示波主机部分:包括若干单元,如时间控制器、扫描电压发生器、输出电压自动补偿器、垂直偏转放大器、水平偏转放大器、前期补偿、电容补偿、斜度补偿等,以得到稳定而重现的极谱图。JP-1A 型示波极谱仪主机的面板图如图 5-4 所示。

(3) 电极架:包括滴汞电极、参比电极(小型饱和甘汞电极)、辅助电极(铂电极)、电解池和震动器。测定时可用双电极或三电极,双电极为滴汞电极和参比电极,三电极为滴汞电极、参比电极和辅助电极。由于小型饱和甘汞电极内阻较大,不宜通过电流,可采用三电极系统,让电解电流经辅助电极流向滴汞电极,滴汞电极和溶液间的电位由甘汞电极引出。震动器装在电极夹持杆上,通过电极夹持杆使滴汞的周期性震落与扫描周期同步。

[注意事项]

(1) 仪器应安装在通风且周围无电场、无磁场的室内,台面应平滑。为防止交流干扰使极谱图变形,应在大瓷盘底下加一块大面积金属板,并用导线将其与机壳相接。

(2) 绝不允许在电极插入电解池内时开、关机,否则在开、关机的瞬时电解池两端会出现高电压,使毛细管孔立即遭到破坏。

(3) 勿使荧光屏上光点长时间停在一点上,以防烧瞎,测量时应尽可能降低亮度,在做"富集"时将"亮度"关闭。

2) LK2005A 型电化学工作站

LK2005A 型电化学工作站是天津市兰力科化学电子高技术有限公司在 LK2005 型电化学工作站的基础上最新研制开发的通用化学测量系统平台。该仪器提供的方法多,可以

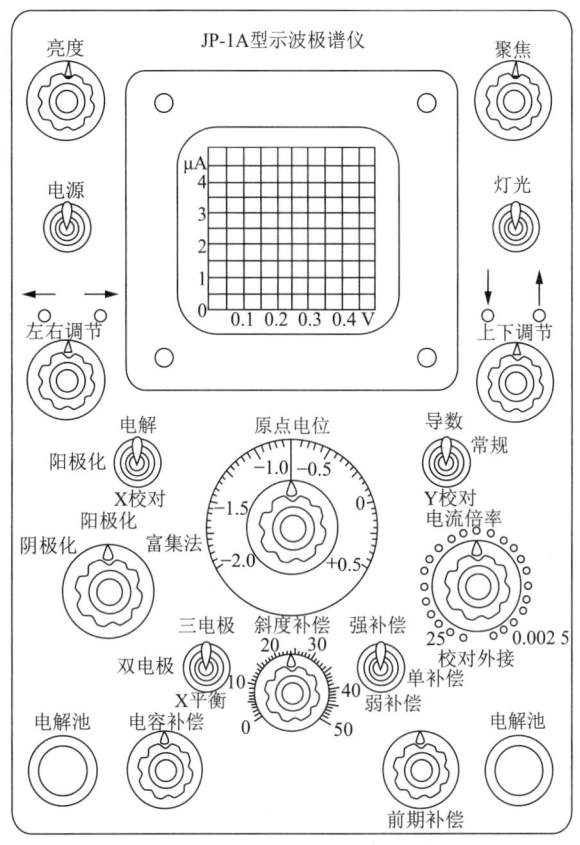

图 5-4　JP-1A 型示波极谱仪主机面板图

一机多用,即在同一台仪器上可以开展 30 多种不同方法的电化学与电分析化学实验,且使用灵活方便,实验曲线实时显示,全中文操作界面,使操作者的实验操作更加直观、方便。另外,该仪器的最小分辨率为 0.01 mV,电流测量分辨率为 0.1 pA,可直接用于超微电极上的稳态电流测量,也可应用于有机电合成基础研究、电分析基础教学、电池材料研制、生物电化学(传感器)研究、阻抗测试、电极过程动力学研究,以及材料、金属腐蚀、生物、医药、环境生态等多学科领域的研究。

LK2005A 型电化学工作站的参数设置和操作控制均由软件操作完成,所以 LK2005A 型系统主机的前面板仅有两只按键式开关,如图 5-5 所示。

图 5-5　主机的前面板示意图

当"电源"键按下时,仪器的主机电源接通,同时键上的蓝色指示灯亮。

"复位"键的功能是使仪器复位至初始状态。当仪器运行出现死机或主机与计算机的通信联系发生错误中断时,可以按下"复位"键。当接到"复位"命令后,仪器将自动进行自检(self-testing),并使仪器的工作状态复位到初始状态,同时屏幕弹出"硬件测试"示意图,"复位"命令即完成。

【注意】 在仪器工作正常时或实验进行过程中,请勿按"复位"键,否则系统参数将丢失。

实验方法选择在计算机上进行,在主控菜单下打开"设置"菜单,用鼠标单击"方法选择",在屏幕上即弹出"方法选择"对话框。LK2005A 型电化学工作站提供的实验技术分为八大类,其中每类又包含许多具体方法。这八大类实验技术分别为电位阶跃技术、线性扫描技术、脉冲技术、方波技术、交流技术、恒电流技术、交流阻抗技术和电池充放电技术。

5.4 极谱分析实验的准备工作

极谱分析是一种测量微量离子的方法,所使用的化学试剂的纯度都应在分析纯以上(大多数用保证试剂),所用蒸馏水、N_2、汞都须进行纯化处理。

1) 蒸馏水的纯化

(1) 离子交换法:用阳离子交换柱除去阳离子,用阴离子交换柱除去阴离子。

(2) 蒸馏法:将普通蒸馏水放在 1~3 L 优质玻璃蒸馏瓶内,加入 5~10 mL 0.02 mol·L^{-1} $KMnO_4$ 和 10 mL 饱和 $Ba(OH)_2$ 溶液进行蒸馏。为防止暴沸,可再加入数颗玻璃珠(或碎陶瓷片)。高纯水还可用亚沸石英蒸馏水器蒸馏制得。

2) N_2 的纯化

除氧用的 N_2 从钢瓶出来后,须经五个洗涤瓶以除去氧和其他还原性杂质。第一瓶为 0.04 mol·L^{-1} $KMnO_4$ 溶液,用于除去 N_2 中的还原性物质。第二瓶为 30% NaOH 和 10% 焦性没食子酸混合液,用于除去氧。第三瓶为 0.2 mol·L^{-1} H_2SO_4 溶液,用于除去碱液。第四瓶为蒸馏水,用于洗涤 N_2 中的微量酸。第五瓶为空瓶,作为安全瓶。以上洗涤瓶的次序不许颠倒。

3) 汞的纯化

买来的汞和使用过的汞都含有一些金属杂质,必须经过纯化后才能使用。汞的纯化一般分两步进行:

(1) 汞中杂质金属的氧化。将要处理的汞放入广口瓶中,加适量 5% HNO_3(见图 5-6),瓶塞和其他连接处都用石蜡封好,经检查不漏气后即可通入空气氧化杂质金属,直到不再出现黑色金属氧化物为止(约 20 h),然后用分液漏斗将汞和氧化物分开,并依次用 5% HNO_3 和蒸馏水反复洗涤,分去水后,用滤纸吸干汞表面的水,必要时再用纱布或穿有小孔的滤纸过滤。

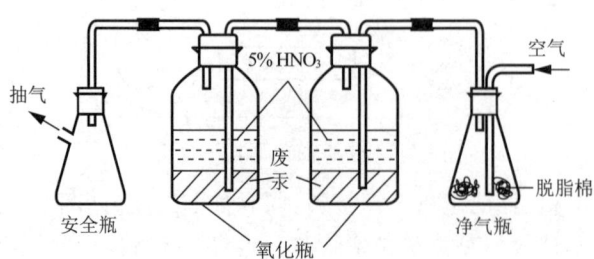

图 5-6 汞中杂质金属的氧化装置

(2) 减压蒸馏。将氧化、洗涤、吸干水后的汞置于减压蒸馏器中进行减压蒸馏,即可得到纯汞。当汞的纯度要求高时,应蒸馏2~3次。

4) 汞的安全使用

汞蒸气有毒,会使人急性或慢性中毒,如现头痛、头晕、无力、牙齿酸痛、牙龈肿大、溃疡、四肢抖动等,因此使用时必须严格遵守如下安全规程:

(1) 极谱分析实验室应有良好的通风和排风设备。每次实验前应先排风10 min以上。

(2) 地面和台面应平整、光滑、无缝隙。桌面四周应高出台面1~2 cm,并有小沟,以便收集溅出的汞。

(3) 为防止汞滴散落,电解池应置于大搪瓷盘中。偶尔汞滴散落时,应立即用吸管收集,或用汞齐化铜片(将铜片用砂纸打光,于稀硝酸中清洗后,沾汞即汞齐化)吸扫,也可用硫黄粉覆盖后扫去。

(4) 减少汞的蒸发源,储汞瓶、纯汞瓶、废汞瓶等都要加水(或10% NaCl溶液)封闭,并用塞子塞紧,防止汞蒸气散发到空气中。同时还应定期检查空气中汞蒸气的浓度。

5.5 实验项目

实验 5-1 极谱干扰电流的消除和半波电位特性

[实验目的]

(1) 加深对极谱分析基本原理的理解。
(2) 观察残余电流、"极大"、氧波和离子迁移电流的产生,掌握其消除方法。
(3) 了解半波电位的特性及其应用。
(4) 学会使用极谱仪记录经典极谱图。

[实验原理]

1) 极谱波

以测定特殊电解过程中所绘制的电流-电压曲线(极谱波)为基础的电化学分析方法称为伏安法。用滴汞电极(DME)作极化电极的伏安法称为极谱分析法。

由于滴汞电极表面积极小,电流密度很大,当达到离子的分解电压时离子迅速还原,使电极表面发生浓差极化,其极化电解电流的大小取决于DME周围的浓度梯度(亦即离子的扩散速度)。

当电极表面上可还原离子的浓度趋于零时,极化电解电流的大小仅取决于溶液主体中可还原离子的浓度,对于给定溶液,电流达到一个固定的极限值,即使电极的电位变得更负,电流也不再增加,该电流称为极限电流 i_L。i_L 包括残余电流 i_r、迁移电流 i_m 和极限扩散电流 i_d 三部分(见图5-7)。其中仅极限扩散电流 i_d 的大小与被测离子的浓度呈正比关系,是极谱定量分析的基础。其他各种电流与被测离子浓度无直接的简单正比

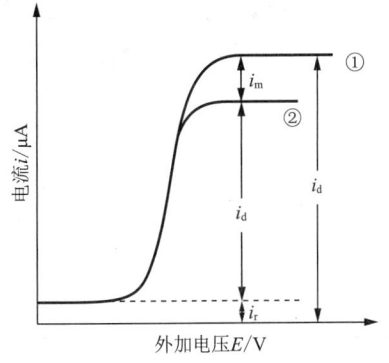

图 5-7 电流-电压曲线
线①不含支持电解质;
线②含有支持电解质

关系,会干扰极谱定量测定,称干扰电流,应设法消除。

2) 干扰电流及其消除

(1) 残余电流 i_r。残余电流是在外加电压未达到被测离子的分解电压以前所测量到的微小电流。它由测定液中残存的痕量杂质(如 Cu^{2+},O_2 等)还原产生的电解电流和滴汞电极上双电层充放电引起的充电电流两部分组成。i_r 与被测离子的浓度无关,应通过绘制极谱波 i_r 部分的延长线或作空白实验求得 i_r 后,从极限电流 i_L 中扣除。也可用仪器上设置的斜率补偿、电容补偿电路予以抵消。

(2) 迁移电流 i_m。迁移电流是被测离子受电引力作用到达电极并发生电解反应所产生的电流。i_m 值与可还原离子的迁移数、电极附近电位梯度有关。为了消除 i_m 对扩散电流的影响,可在测定液中加入超过被测离子浓度 50~100 倍的支持电解质(如 KCl,NH_4Cl,HCl 等),使被测离子迁移数降低到可忽略不计(即 $i_m \to 0$,此时 $i_L = i_d + i_r$,见图 5-7 中线②)。

(3) 极谱"极大"。在极谱分析中,常会出现一种特殊现象,即在电解开始后电流随电位的增加而迅速上升到一个极大值,而后又急速下降到极限扩散电流的正常值(见图 5-8),这种不正常的电流峰称为极谱"极大",简称"极大"或畸峰。它使极谱波失真,影响测量的准确度。在被测溶液中加入少量表面活性剂(如动物胶、明胶、甲基红、Triton X-100、聚乙烯醇等)可消除"极大"。

示波极谱法出现"极大"的机会极少,可不加表面活性剂(亦称极大抑制剂)。

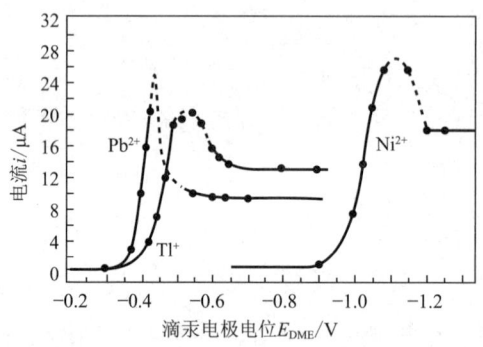

图 5-8　Pb^{2+},Tl^+,Ni^{2+} 的"极大"

(4) 氧波。溶解 O_2 在滴汞电极上发生电极反应产生的极谱波称氧波。O_2 在滴汞电极上分两步还原形成两个氧波,见表 5-1。

表 5-1　氧波

介质 反应式 波	酸性溶液	中性或碱性溶液	$E_{1/2}$ (vs. SCE)
第一波	$O_2 + 2H^+ + 2e \Longrightarrow H_2O_2$	$O_2 + 2H_2O + 2e \Longrightarrow H_2O_2 + 2OH^-$	-0.15 V
第二波	$H_2O_2 + 2H^+ + 2e \Longrightarrow 2H_2O$	$H_2O_2 + 2e \Longrightarrow 2OH^-$	-0.90 V

在室温下,O_2 在水溶液中的溶解度约为 $8\ mg \cdot L^{-1}$(即 $2.5 \times 10^{-4}\ mol \cdot L^{-1}$),所产生的氧波(见图 5-9)严重干扰大多数金属离子的测定,因此应预先除去氧。除氧方法有以下几种。

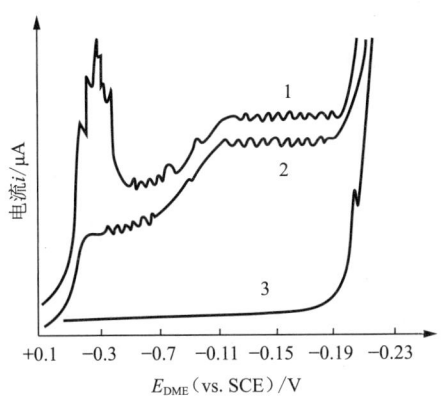

图 5-9 氧的极谱图

1—以空气饱和的 0.5 mol·L^{-1} KCl 溶液;2—溶液 1 中加入微量动物胶;3—溶液 2 通 N$_2$ 除氧后

① 通气法:在被测溶液中通入 N$_2$ 或 H$_2$ 除氧。在酸性溶液中还可通入 CO$_2$ 除氧。

② 还原法:在酸性溶液中可加入铁粉、抗坏血酸、硫酸亚铬等除氧;在中性或碱性溶液中常加入 Na$_2$SO$_3$ 除氧。用 Na$_2$SO$_3$ 除氧速度快,操作简便,但不能应用在 -0.2 V 附近或更正的电位。

包括支持电解质、极大抑制剂、除氧剂及其他有关试剂(缓冲剂、络合剂)在内的极谱测定溶液总称为底液。

3)半波电位与极谱定性分析

极谱波上扩散电流 $i=i_d/2$ 时所对应的滴汞电极的电位称为半波电位(以 $E_{1/2}$ 表示)。$E_{1/2}$ 既与被测离子浓度无关,又与毛细管常数无关,仅随离子种类、底液组成不同而变化。在一定实验条件下,当底液组成固定时,$E_{1/2}$ 为一常数(见图 5-10,其大小仅取决于离子的种类)。因此,$E_{1/2}$ 可作为极谱定性分析的依据。常见金属离子在不同底液中的半波电位见表 5-2。

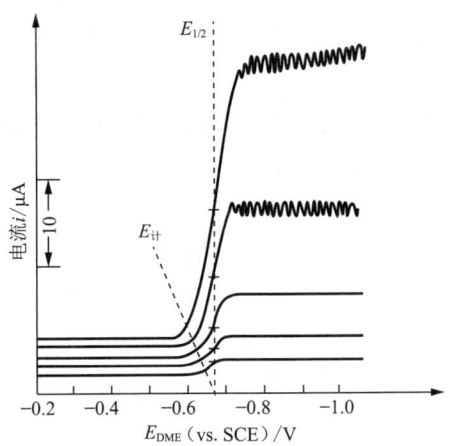

图 5-10 不同浓度的 Cd^{2+} 在 1 mol·L^{-1} KCl 溶液中的半波电位
($E_{计}$ 为起始电解电位)

表 5-2 常见金属离子在不同底液中的半波电位(vs. SCE)　　　　单位:V

金属离子	1 mol·L^{-1} KCl	1 mol·L^{-1} KOH(NaOH)	1 mol·L^{-1} HCl	2 mol·L^{-1} HAC-2 mol·L^{-1} NaAc	1 mol·L^{-1} NH$_3$-1 mol·L^{-1} NH$_4$Cl
Al^{3+}	−1.75	—	—	—	—
Fe^{3+}	>0	—	>0	—	>0
Fe^{2+}	−1.3	−1.46 (−0.9)	—	—	−1.49 (−0.34)
Cr^{3+}	−0.85 −1.47	−0.92	−0.99 −1.26	−1.2	−1.43 −1.71
Mn^{2+}	−1.51	−1.70	—	—	−1.66
Co^{2+}	−1.30	−1.43	—	−1.14	−1.29
Ni^{2+}	−1.10	—	—	−1.10	−1.10
Zn^{2+}	−1.00	−1.48	—	−1.10	−1.35
Cd^{2+}	−0.64	−0.76	−0.64	−0.65	−0.81
Pb^{2+}	−0.44	−0.76	−0.44	−0.50	—
Tl$^+$	−0.48	−0.46	−0.48	−0.47	−0.48
Cu^{2+}	+0.04 −0.22	−0.41	+0.04 −0.22	−0.07	−0.24 −0.51
Sn^{2+}	—	−1.22 (−0.73)	−0.47 (−0.1)	−0.62 (−0.16)	—
Bi^{3+}	—	−0.6	−0.09	−0.25	—

注:括号内为氧化波;两个数值的表示两级还原;—表示在氢波后或发生水解沉淀现象。

示波极谱的峰电位 $E_p = E_{1/2} \pm 1.1RT/(nF)$(还原波取"−"、氧化波取"+"),同样可作为定性分析的依据。

$E_{1/2}$(或 E_p)常用来检验试剂中是否存在杂质。在设计分析方案和考虑其他共存离子的干扰时,需要用到在不同溶液中各种离子的半波电位的知识。

本实验要求记录、观察残余电流、迁移电流、氧波、"极大"的产生,了解其消除方法,测定 Cu^{2+},Cd^{2+},Ni^{2+},Zn^{2+} 在 1 mol·L^{-1} NH$_3$-1 mol·L^{-1} NH$_4$Cl 底液中的半波电位。

[仪器与试剂]

(1) LK2005A 型电化学工作站(或其他极谱仪)。

(2) 0.01 mol·L^{-1},1 mol·L^{-1} KCl 溶液。

(3) 0.5%明胶(或动物胶)溶液:称取明胶(或动物胶)0.5 g 溶于 100 mL 沸水中。每周新鲜配制。

(4) 0.001 mol·L^{-1} PbCl$_2$ 溶液。

(5) Cu^{2+},Cd^{2+},Ni^{2+},Zn^{2+} 浓度各为 5×10^{-3} mol·L^{-1} 的混合溶液。

(6) 2 mol·L^{-1} NH$_3$-2 mol·L^{-1} NH$_4$Cl 溶液。

(7) 固体无水 Na_2SO_3 和 N_2。

(8) 红外干燥箱,1 台。

[实验步骤]

1) 氧波、极谱"极大"和残余电流

(1) 氧波和极谱"极大":取空气饱和的 0.01 mol·L^{-1} KCl 溶液于 10 mL 电解池中,选择适当的仪器参数,在 0~−2 V 电压范围内记录极谱图,观察氧的两个极谱波及其"极大"。

(2) 极谱"极大"的抑制:在上述溶液中加入 0.5% 明胶(或动物胶)溶液 2~3 滴,重新在 0~−2 V 电压范围内扫描绘图,观察极谱"极大"被消除,得纯氧波。

(3) 除氧,出现残余电流:在上述(2)的溶液中加入少许无水 Na_2SO_3,搅匀,数分钟后在 −0.2~−2 V 电压范围内再记录极谱图,观察氧波被消除,仅留下残余电流。

2) 迁移电流及其消除

取 9 mL 0.001 mol·L^{-1} $PbCl_2$ 溶液于电解池中,加 0.5% 明胶溶液 2~3 滴,通 N_2 除氧 10~15 min,在 −0.1~−1.5 V 电压范围内记录极谱图。然后加入 1 mol·L^{-1} KCl 溶液 1 mL,搅匀,在同一电压范围内重新记录极谱图。比较两极谱图,求出迁移电流 i_m。

3) Cu^{2+},Cd^{2+},Ni^{2+},Zn^{2+} 半波电位的测定

移取 Cu^{2+},Cd^{2+},Ni^{2+},Zn^{2+} 混合溶液 1.0 mL 于电解池中,加入 0.5% 明胶溶液 2 滴、2 mol·L^{-1} NH_3-2 mol·L^{-1} NH_4Cl 溶液 5.0 mL、水 4.0 mL,再加入少许无水 Na_2SO_3,搅匀,在 −0.2~−1.7 V 电压范围内记录极谱图。

[数据处理]

(1) 未加明胶的氧极谱图是否出现了极谱"极大"?加明胶后氧极谱图如何?求出氧两个极谱波的半波电位(用矩形法)。比较氧的两个波高,看它们是否等高?加 Na_2SO_3 后极谱图如何?

(2) 说明 $PbCl_2$ 溶液中加入 KCl 的作用,并求出迁移电流 i_m。

(3) 用矩形法分别测出 Cu^{2+},Cd^{2+},Ni^{2+},Zn^{2+} 在 1 mol·L^{-1} NH_3-1 mol·L^{-1} NH_4Cl 溶液中的半波电位,与文献值加以比较并讨论。

[附注]

(1) 做氧波实验用的 KCl 溶液应由蒸馏水配制,不能用去离子水或含有表面活性物质的水配制,否则观察不到氧波的极谱"极大"。KCl 溶液浓度过大同样观察不到氧波的极谱"极大"。

(2) 测量波高、半波电位的作图方法有三切线法和矩形法。

① 三切线法(见图 5-11a)。作出极谱波的三条切线,通过其两交点所引水平线间的垂直距离 EF 为波高。过波高一半处 O' 点作横坐标的平行线,相交于极谱波 O 点,其对应的电位值为半波电位。本法应用较广,适用于不同波形。

② 矩形法(见图 5-11b)。与三切线法一样画三条切线得到两个交点 E 和 F,通过 E 和 F 两点作横坐标的垂线交于上、下切线于 C 和 B 点,连接 C 和 B 点交 EF 于 O 点,O 点相应的电位即为半波电位。过 O 点作横坐标的垂线,与上、下切线分别交于 H 和 G 点,则 HG 高度即为波高。

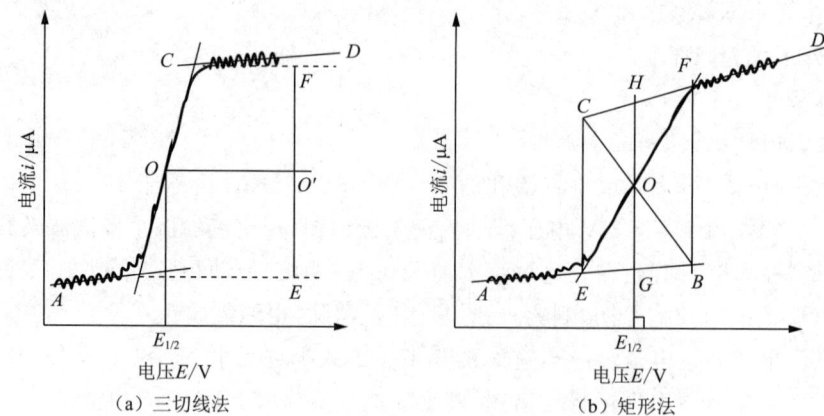

图 5-11 极谱波高及半波电位的测量方法

[思考题]
(1) 底液中加入表面活性剂、惰性电解质、Na_2SO_3 的作用是什么？
(2) 除氧方法有哪几种？
(3) 用 Na_2SO_3 除氧时，为什么不能从 0 V 开始记录极谱图？
(4) $E_{1/2}$ 是否与其离子的浓度有关？它受哪些因素影响？极谱定性分析的依据是什么？
(5) Pb^{2+} 的半波电位、析出电位各在何处？

实验 5-2　极谱法测定水中微量镉含量

[实验目的]
(1) 掌握极谱分析的定量测定方法。
(2) 学会用经典极谱法、示波极谱法测定 Cd^{2+} 含量（或仅用经典极谱法测定）。
(3) 学会用极谱波对数分析测定电子转移数和半波电位。

[实验原理]
1) 扩散电流与去极剂浓度的定量关系

对于可逆电极过程，电解电流只受扩散速度控制。对于经典极谱，其平均极限扩散电流 $\bar{i}_d(\mu A)$ 与去极剂浓度的关系可用尤考维奇方程式表示：

$$\bar{i}_d = 605 n D^{1/2} m^{2/3} \tau^{1/6} c \tag{5-3}$$

对于单扫描示波极谱，其峰电流 $i_p(\mu A)$ 与去极剂浓度的关系可用 Randles-Sevcik 方程式表示：

$$i_p = k n^{3/2} D^{1/2} v A c \tag{5-4}$$

当使用 JP-1A 型示波极谱仪时，式(5-4)可改写为：

$$i_p = 2.69 \times 10^5 n^{3/2} D^{1/2} m^{2/3} t_p^{2/3} c \tag{5-5}$$

式中　n——电极反应中的电子转移数；
　　　D——去极剂在底液中的扩散系数，$cm^2 \cdot s^{-1}$；
　　　m——汞速，$mg \cdot s^{-1}$；
　　　τ——滴汞周期，s；
　　　A——电极面积，cm^2；

t_p——汞滴生长至出现峰的时间,s;

v——电压变化速度,$V \cdot s^{-1}$;

c——去极剂浓度,$mmol \cdot L^{-1}$。

由上述各式可知,当其他实验条件(温度、汞柱高、底液组成等)都固定不变时,i_d 和 i_p 均与去极剂(被测离子)浓度 c 呈正比,这就是极谱定量分析的理论依据。

2) 极谱定量测定的方法

(1) 比较法。在相同条件下分别测出浓度为 c_s 的标准溶液极谱波的波(峰)高 h_s 和浓度为 c_x 的未知溶液极谱波的波(峰)高 h_x 相比较,进而由下式求出未知液中的浓度。

$$c_x = (h_x/h_s)c_s \tag{5-6}$$

采用本法时,标准溶液的组成应尽可能与未知液的组成保持一致,且 c_s 和 c_x 亦应接近,否则会引入较大的系统误差。

(2) 标准曲线法。配制一系列标准溶液,在相同的实验条件下记录极谱图,分别测其波(峰)高,绘制波高-浓度标准曲线,然后由未知液的波高在标准曲线上求出相应的浓度。本法适用于大批同类样品的分析,但实验条件要注意保持一致。

标准曲线若不通过原点,则说明残余电流过大,此时应对底液作空白实验。

(3) 标准加入法。先取体积 V_x(mL) 未知液记录极谱图,测得波高为 h,然后在此溶液中加入体积 V_s(mL) 被测离子的标准溶液(浓度为 c_s),混匀后再记录极谱图,测得波高为 H,于是被测离子浓度 c_x 可根据下式计算:

$$c_x = \frac{c_s V_s h}{(V_x + V_s)H - V_x h} \tag{5-7}$$

标准加入法常用于组分复杂的个别试样的分析,其主要优点是不受试样组成、汞柱高、滴汞电极特性、温度等的影响,结果的准确度较高。

3) 峰电位 E_p 和半波电位 $E_{1/2}$ 的测定

单扫描示波极谱中离子的峰电位 E_p 可在仪器的荧光屏上直接读得。

经典极谱中离子的半波电位 $E_{1/2}$ 可从所记录极谱图中 $i_d/2$ 对应的电极电位值读得。$E_{1/2}$ 的更精确测算是将极谱波上不同电位下的扩散电流 i 代入极谱波方程(5-8):

$$E_{DME} = E_{1/2} - \frac{2.303RT}{nF} \lg \frac{i}{i_d - i} \tag{5-8}$$

以 $\lg \frac{i}{i_d - i}$ 对 E_{DME} 作图进行对数分析,$\lg \frac{i}{i_d - i} = 0$ 时的电极电位即为离子的半波电位。通过对数分析还可从所得直线的斜率[应等于 $nF/(2.303RT)$]求得电子转移数和判断电极反应的可逆性。

Cd^{2+} 在 $1 mol \cdot L^{-1} NH_3$-$1 mol \cdot L^{-1} NH_4Cl$ 底液中可产生良好的极谱波,其中 $E_{1/2} = -0.81 V$,在一定条件下 Cd^{2+} 的 i_d(或 i_p)与其浓度呈直线关系。本实验采用标准曲线法、标准加入法测定 Cd^{2+} 的浓度,并对极谱波进行对数分析,精确求出该底液中 Cd^{2+} 的 $E_{1/2}$,判断 Cd^{2+} 电极反应的可逆性。

[仪器与试剂]

(1) JP-1A 型示波极谱仪(或 LK2005A 型电化学工作站),附滴汞电极、饱和甘汞电极、铂电极。

(2) 2.5 mol·L^{-1} NH$_3$-2.5 mol·L^{-1} NH$_4$Cl 溶液。

(3) 1.00×10^{-3} mol·L^{-1} 镉标准溶液。

(4) 0.5%明胶(或动物胶)溶液:称取 0.5 g 明胶溶于 100 mL 沸水中(每周配制一次)。

(5) 无水 Na$_2$SO$_3$(分析纯)或 N$_2$。

(6) 1 mL,5 mL 吸量管,各 1 支。

(7) 10 mL 移液管,2 支。

(8) 25 mL 容量瓶,7 只。

[实验步骤]

(1) 标准曲线的绘制:分别移取 1.00×10^{-3} mol·L^{-1} 镉标准溶液 0.00,1.00,2.00,3.00,4.00,5.00 mL 于 6 只 25 mL 容量瓶中,再在各瓶中依次加入 2.5 mol·L^{-1} NH$_3$-2.5 mol·L^{-1} NH$_4$Cl 溶液 10.0 mL,0.5%明胶溶液 6 滴,用去离子水稀释至刻度,摇匀。将各溶液的一部分分别倒入 10 mL 电解池中,加少许无水 Na$_2$SO$_3$ 搅匀,放置 3 min。选择适宜的仪器参数,用三电极系统由稀到浓在示波极谱仪上从－0.5～－1.1 V 记录极谱图,并用三切线法求出波高,以波高对浓度绘制标准曲线,或用示波极谱仪(原点电位置－0.6 V)扫描,读其峰高和峰电位,再绘制峰高-浓度曲线。

(2) 水样中 Cd^{2+} 的测定:移取水样 10.00 mL 于 25 mL 容量瓶中,再加入 2.5 mol·L^{-1} NH$_3$-2.5 mol·L^{-1} NH$_4$Cl 溶液 10.0 mL,0.5%明胶溶液 6 滴,用去离子水稀释至刻度,摇匀。准确移取 10.00 mL 稀释混匀后的水样溶液于电解池中,加少许 Na$_2$SO$_3$ 除氧,并在上述仪器参数条件下记录极谱图,测其波高(或示波极谱峰高)h。然后准确加入 1.00×10^{-3} mol·L^{-1} 镉标准溶液 1.00 mL,混匀,再记录极谱图,测其标加后的波高(或峰高)H。

[数据处理]

(1) 用三切线法求出各极谱图的波高,绘制波高-浓度标准曲线,据 h 值查出水样溶液中 Cd^{2+} 的浓度,再乘以稀释倍率,算出原水样中 Cd^{2+} 的浓度。用同样方法求出示波极谱法测得的 Cd^{2+} 浓度。

(2) 将水样溶液测得的 h 和 H 值扣去空白值,按标准加入法求算 Cd^{2+} 的浓度。

(3) 作 $\lg \dfrac{i}{i_d-i}$-E_{DME} 图对极谱波进行对数分析,求出 Cd^{2+} 的半波电位及电子转移数,判断电极反应的可逆性。

(4) E_p 和 $E_{1/2}$ 的差值是多大?是否符合理论值和关系式 $E_p=E_{1/2}-1.1RT/(nF)$?

(5) 比较说明标准加入法与标准曲线法、经典极谱法与示波极谱法测得的结果是否一致。

[附注]

(1) 标准系列中 0.00 mL 为空白溶液,其波高(或峰高)为空白值。各种方法中都应先扣去空白值,而后再作图、计算结果。

(2) 示波极谱也可使用导数波进行测定。

(3) 标准加入法的加入体积对结果的精确性影响很大,实验者必须正确使用吸量管,准确记录加入所需标准溶液的体积。

(4) 实验数据与结果用表格形式列出。

[思考题]

(1) 作为极谱定量分析依据的关系式 $i_d=Kc$ 和 $i_p=K'c$,其 K(或 K')与哪些因素有关?

实验时应如何控制实验条件使 K(或 K') 值保持不变?

(2) 与标准曲线法相比,标准加入法有何优缺点?

(3) 用标准系列中任意两个 Cd^{2+} 溶液的极谱图进行对数分析,求出的 $E_{1/2}$ 是否相同? $E_{1/2}$ 与哪些因素有关?

实验 5-3 阳极溶出伏安法测定水中镉含量

[实验目的]

(1) 加深对阳极溶出伏安法基本原理的理解。

(2) 学会阳极溶出伏安法测定 Cd^{2+} 的实验技术。

(3) 学会用 MF-1A 型多功能伏安仪进行阳极溶出伏安法测定的操作方法。

[实验原理]

阳极溶出伏安法又称为反向溶出极谱法,它是一种将恒电位电解富集和伏安法测定结合在一起的电化学分析法。通常以悬汞电极或汞膜电极为工作电极,使被测金属离子在适当条件下电解生成汞齐而富集在电极汞中,然后将电压反向,从负向正的方向扫描,使富集在电极汞齐中的金属重新氧化溶出,并记录溶出时的伏安曲线(氧化波)。氧化波伏安曲线的波形一般呈倒峰状(见图 5-12)。

溶出伏安曲线的峰电位与离子性质、底液组成有关。峰电流大小(峰高)与底液中金属离子浓度 c、电解富集时间 t、富集时搅拌速度 ω、电极面积 A、悬汞滴的半径 r、溶出时电压扫描速度 v、底液黏度 μ、电极性质有关。不同工作电极的峰电流 i_p^a 可表示如下:

悬汞电极:$i_p^a = K_1 n^{3/2} D_0^{2/3} \omega^{1/2} \mu^{-1/6} D_r^{1/2} r v^{1/2} t c$ (5-9)

汞膜电极:$i_p^a = K_2 n^2 D_0^{2/3} \omega^{1/2} \mu^{-1/6} A v t c$ (5-10)

式中 D_0——被测离子在底液中的扩散系数;

D_r——被测金属离子电解还原为金属后在汞中的扩散系数。

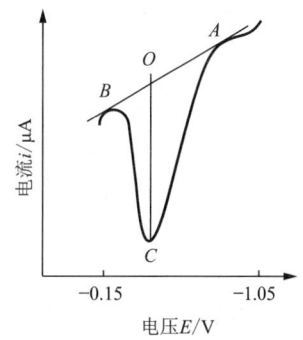

图 5-12 阳极溶出伏安曲线

当其他条件一定时,峰电流 i_p^a(峰高)只与溶液中被测金属离子的浓度呈正比。不同金属离子在同一底液中具有不同的峰电位。因此,溶出伏安曲线的峰电流和峰电位可作为定量分析和定性分析的依据。

由于富集是缓慢的积累过程,而溶出是突然的释放,可产生比富集时还原电流大得多的氧化峰电流,所以溶出伏安法是一种极为灵敏的分析方法。它的测定范围一般在 $10^{-6} \sim 10^{-11}$ mol·L^{-1},检出极限可达 10^{-12} mol·L^{-1}。它还能同时测定几种含量极低的超痕量金属元素,已用于毛发、水和废水监测分析中几种离子的同时测定。

本实验用悬汞电极作工作电极,SCE 作参比电极,在 1 mol·L^{-1} KNO_3 底液中测定 Cd^{2+},在 -1.05 V 下富集,再反向扫描到 -0.15 V,在 -0.75 V 附近呈现镉的阳极溶出峰,然后用标准曲线法和标准加入法分别测定水样中镉的含量。

[仪器与试剂]

(1) MF-1A 型多功能伏安仪(或 LK2005A 型电化学工作站)。

(2) 饱和甘汞电极。

(3) 悬汞电极。

(4) 电磁搅拌器、秒表。

(5) 2.50×10^{-4} mol·L^{-1}镉标准溶液。

(6) 1 mol·L^{-1} KNO_3溶液。

(7) 未知含镉试样（Cd^{2+}的浓度大约为2×10^{-4} mol·L^{-1}）。

(8) 25 mL容量瓶，7只。

(9) 吸量管1 mL 1支，2 mL 2支，5 mL 2支。

(10) 镊子，1个。

[实验步骤]

1) 标准溶液配制

分别移取2.50×10^{-4} mol·L^{-1}镉标准溶液0.20，0.40，0.60，0.80，1.00 mL于5只25 mL容量瓶中，再各加1 mol·L^{-1} KNO_3溶液稀释到刻度，摇匀。

2) 测定步骤

(1) 仪器安装与预热：按照仪器使用要求连接好电极，打开计算机。将"准备-工作"按钮置于"准备"，"溶出-电积"按钮置于"电积"，"常规-导数"按钮置于"常规"，"溶出法-伏安法"按钮置于"伏安法"，"阴-阳"按钮置于"阳"，扫描速度置于6挡，扫描倍率置于"×10"，灵敏度设为"50"。将起始电位调至-1.05 V，下限电位置于-0.15 V，接通电源预热20 min以上。

(2) 清洗：将样品倒入电解池中，插入电极，旋出1滴汞（旋动测微头20格）。按下"扫描"按钮，待电位扫描到-0.15 V后，将"准备-工作"置于"工作"，开始搅拌溶液，清洗电极，同时计时（用秒表计时2 min），完毕后将"准备-工作"按钮置于"准备"。

(3) 富集：清洗完毕，先按"停止扫描"按钮，然后按"复位"按钮至电压显示为-1.05 V，将"准备-工作"置于"工作"，同时搅拌溶液并计时（用秒表计时），富集30 s。

(4) 静置：电积完毕，立即关闭搅拌，使溶液静置，静置时间为30 s。

(5) 扫描：静置完毕，立即按下"扫描"，得阳极溶出伏安曲线。

扫描结束后，在终止电压（-0.15 V）下搅拌清洗电溶出的滴汞电极2 min，再依次按"停止扫描""复位"按钮，计时开始第二次富集。富集30 s后，静置30 s，扫描。每个溶液的测定重复3次，然后换另一溶液。测定时，由稀向浓依次测定。

实验结束后，打印极谱图，测量各溶出曲线的峰高，绘出标准曲线。

(6) 水样中Cd^{2+}浓度的测定：移取水样0.80 mL于25 mL容量瓶中，用1 mol·L^{-1} KNO_3稀释到刻度，摇匀。重复富集、扫描记录溶出伏安曲线，测其曲线的峰高。

(7) 实验结束后，将电极浸入去离子水中备用。关闭各电源。

[数据处理]

从各溶出伏安曲线量出不同镉离子浓度的峰高，绘出标准曲线，并由未知含镉试样溶液的溶出峰高，通过标准曲线查算出未知含镉试样中镉离子的浓度。

[附注]

(1) 溶出峰高的测量方法因峰形不同而异，常用方法如图5-13所示。在每一分析工作中，必须统一使用其中的一种方法。本实验采用方法B测量溶出峰高。

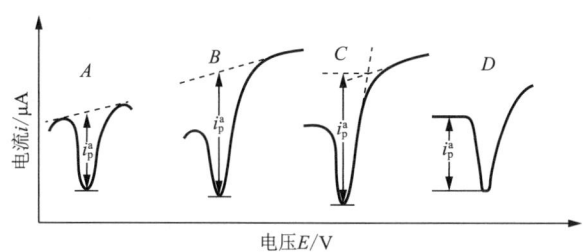

图 5-13 测量溶出峰高的方法

（2）整个实验过程中应保持搅拌速度、富集时间等所有条件固定不变。每次溶出后，一定要把残余金属"吐净"。

（3）每次旋出的汞量应该相同。

（4）悬汞电极使用方法。

分析时首先旋动测微头使汞柱平齐毛细管端面。（可透过电解池和毛细管看清）记住测微头的刻度，然后根据分析要求旋动测微头进给需要的刻度（本实验旋动 20 格），使毛细管端面形成汞球，投入分析。通常情况下第一滴汞球敲落不用，自第二滴汞球开始使用。局部分析结束需要更换新汞滴时，可轻轻用手指弹击电极或电解池，使汞滴脱落。

当电极内的汞用至测微头上刻度为 5 mm 处时，电极就应吸汞。人工吸汞方法是：

① 清洗电极上的毛细管外表，擦干。

② 将汞柱排至毛细管端面。

③ 揭开装有优级纯汞的容器盖，一只手拿电极壳体部分，将电极毛细管端面插入汞面以下（不应碰到容器底部），另一只手先顺时针方向旋动测微头半圈，使毛细管内的汞排出并与容器中的汞接触，然后逆时针方向慢慢旋动测微头吸汞，直到刻度退回 23 mm 处为止。整个吸汞过程中，毛细管端面应始终保持在容器中的汞面以下。

[思考题]

（1）溶出伏安法的测定原理是什么？它为什么具有较高的灵敏度？常用的工作电极有哪几种？

（2）为什么阳极溶出伏安曲线呈倒峰形？

（3）提高溶出伏安法灵敏度的途径有哪些？

（4）富集过程中为什么要不断搅拌溶液？

（5）溶出峰电位与半波电位有何关系？

实验 5-4　极谱法测定配合物的配位数和稳定常数

[实验目的]

（1）了解金属配合物的半波电位 $E_{1/2}^c$ 与配体浓度的关系。

（2）加深理解极谱波方程的本质和意义，学会用极谱波方程测定 $E_{1/2}, n, P, \beta$ 和判断电极反应可逆性的原理和方法。

[实验原理]

金属离子 M^{n+} 在滴汞电极上发生可逆还原反应，生成汞齐：

$$M^{n+} + ne + Hg \rightleftharpoons M(Hg)$$

该可逆还原波的极谱波方程可由 Nernst 方程和 Ilkovic 方程导出：

$$E = E^0 + \frac{RT}{nF}\ln\left(\frac{D_M}{D_{M^{n+}}}\right)^{1/2} + \frac{RT}{nF}\ln\frac{\bar{i}_d - i}{i} \tag{5-11}$$

式中　i——扩散电流；

　　　$\bar{i}_d$——极限扩散电流；

　　　$D_M, D_{M^{n+}}$——金属 M 和金属离子 M^{n+} 在溶液中的扩散系数。

当 $i = \dfrac{\bar{i}_d}{2}$ 时，金属离子的半波电位为：

$$E_{1/2} = E^0 + \frac{RT}{nF}\ln\left(\frac{D_M}{D_{M^{n+}}}\right)^{1/2} \tag{5-12}$$

因此：

$$E = E_{1/2} + \frac{RT}{nF}\ln\frac{\bar{i}_d - i}{i} \tag{5-13}$$

对于金属离子 M^{n+} 与中性配位体 L 生成的配合物 ML_P^{n+}，其稳定常数为 β。ML_P^{n+} 在滴汞电极上发生可逆还原反应：

$$ML_P^{n+} + ne + Hg \Longleftrightarrow M(Hg) + PL$$

该过程受扩散控制。由 Nernst 方程和 Ilkovic 方程导出的配合物还原极谱波方程为：

$$E^c = E^0 + \frac{RT}{nF}\ln\left(\frac{D_M}{D_{ML_P^{n+}}}\right)^{1/2} - \frac{RT}{nF}\ln\beta[L]^P + \frac{RT}{nF}\ln\frac{\bar{i}_d - i}{i} \tag{5-14}$$

当 $i = \dfrac{\bar{i}_d}{2}$ 时，金属离子与配位体形成的配合物的半波电位为：

$$E_{1/2}^c = E^0 + \frac{RT}{nF}\ln\left(\frac{D_M}{D_{ML_P^{n+}}}\right)^{1/2} - \frac{RT}{nF}\ln\beta[L]^P \tag{5-15}$$

代入式(5-14)得：

$$E^c = E_{1/2}^c + \frac{RT}{nF}\ln\frac{\bar{i}_d - i}{i} \tag{5-16}$$

将式(5-15)减去式(5-12)，可求得半波电位的差为：

$$E_{1/2}^c - E_{1/2} = \Delta E_{1/2} = \frac{RT}{nF}\ln\left(\frac{D_{M^{n+}}}{D_{ML_P^{n+}}}\right)^{1/2} - \frac{RT}{nF}\ln\beta - P\frac{RT}{nF}\ln[L] \tag{5-17}$$

在多数情况下，$D_{M^{n+}} \approx D_{ML_P^{n+}}$，故式(5-17)中第一项可以略去。又因配位体是过量的，浓度是足够高的，电极反应中 L 浓度的变化可以忽略，平衡浓度[L]可用配位体的总浓度 c_L 代入，所以式(5-17)可写为：

$$\Delta E_{1/2} = -\frac{RT}{nF}\ln\beta - P\frac{RT}{nF}\ln c_L \tag{5-18}$$

由式(5-16)可知，若以 $E_{1/2}$（或 $E_{1/2}^c$）对 $\ln\dfrac{\bar{i}_d - i}{i}$ 作图进行极谱波对数分析，将得到一条直线，当温度已知时，即可由直线斜率 $\dfrac{RT}{nF}$ 求出电子转移数 n。$\ln\dfrac{\bar{i}_d - i}{i} = 0$ 时所对应的电位即所测半波电位。根据作图后线性好坏和其斜率是否与理论值相符，可以判别电极反应的可逆性。

由式(5-18)可知，若将 $\Delta E_{1/2}$ 对配位体浓度的对数 $\ln c_L$ 作图，应得到一条直线，当 n 已知时，由直线的斜率可求得金属配位离子的配位数 P，从而确定配位离子的组成。由直线截距可求得配位离子的稳定常数 β。

本实验通过测绘 Cd^{2+} 及不同浓度的乙二胺存在下 Cd-乙二胺配位离子的极谱图,求算出该电极过程的 n,$E_{1/2}$ 和配位离子的 P,β。

[仪器与试剂]

(1) AD-3 型极谱仪(LK2005A 型电化学工作站),附三电极系统。

(2) 50 mL 容量瓶,6 只。

(3) 氮气瓶。

(4) 10 mL 移液管,1 支。

(5) 1.0×10^{-2} mol·L^{-1} Cd^{2+} 溶液:用分析纯 $CdCl_2$[或 $Cd(NO_3)_2$]配制。

(6) 1.0 mol·L^{-1} KNO_3 溶液:用分析纯 KNO_3 配制。

(7) 2.0 mol·L^{-1} 乙二胺溶液:称取 60.1 g 无水乙二胺,用蒸馏水稀释至 500 mL。

(8) 0.5% 动物胶溶液:称取 0.5 g 动物胶(亦可用明胶)溶于沸水中(每周配制一次)。

[实验步骤]

在 6 只 50 mL 容量瓶中分别加入 1.0×10^{-2} mol·L^{-1} Cd^{2+} 溶液 5.0 mL,1.0 mol·L^{-1} KNO_3 溶液 5.0 mL,0.5% 动物胶溶液 12 滴,再分别依次加入 2.0 mol·L^{-1} 乙二胺溶液 0.00,2.50,3.50,5.00,7.50,10.00 mL,用蒸馏水稀释至刻度,摇匀。分别倒出部分溶液于电解池(或小烧杯)中,通氮气 10~15 min 除去氧,然后按由稀到浓的顺序在极谱仪上测绘出各个溶液的极谱图。

仪器参数:① 起始电压,不含乙二胺的溶液为 -0.30 V,含乙二胺的溶液为 -0.50 V;② 电压扫描区间为 0.9 V;③ 扫描时间为 6 min;④ 阻尼为 2 挡;⑤ 灵敏度为 10 min;⑥ 记录仪量程为 10 mV;⑦ 走纸速度为 30 mm·min^{-1}。

[数据处理]

(1) 任选一张极谱图,量出极限扩散电流 $\bar{i}_d$ 和不同电位下的扩散电流 i,以 E(或 E^c)对 $\ln \dfrac{\bar{i}_d - i}{i}$ 作图,求出电极反应的电子转移数及半波电位,并判断电极反应的可逆性。

(2) 对其他各张极谱图,用其 $\dfrac{\bar{i}_d}{2}$ 值求出不同乙二胺浓度下的半波电位。以 $\Delta E_{1/2}$ 对 $\ln c_L$ 作图,求出配位离子 Cd^{2+} 的配位数和稳定常数。

[附注]

(1) 在 AD-3 型极谱仪的操作过程中,切记开、关电源,更换电解池,电极移出溶液之前必须先将"二电极-三电极"开关拨向"二电极"端,以免损坏工作电极或仪器。

(2) $Cd(En)_3^{2+}$ 稳定常数的文献值为 $\lg \beta = 12.18$(其中 En 代表乙二胺)。

(3) 若需在指定温度下测定,可将除氧后的电解液放入恒温槽中恒温 15 min,然后再进行极谱图测绘。

[思考题]

(1) 极谱分析在配合物研究中有哪些应用?

(2) 根据 Ilkovic 方程式 $\bar{i}_d = Kc$,试讨论极限扩散电流受哪些因素影响?实验时应如何控制实验条件使 K 值保持为一常数?

(3) 将所得结果与文献值进行比较,若有差异,则讨论产生差异的原因。

实验 5-5　循环伏安法判断电极过程可逆性

[实验目的]

掌握用循环伏安法判断电极过程的可逆性。

[实验原理]

循环伏安法的电压扫描方式与单向扫描相似。通常采用的指示电极为悬汞电极、汞膜电极或固体电极，如铂圆盘电极、玻碳电极、碳糊电极等。

扫描开始时，从起始电压扫描至某一电压后，再反向回扫至起始电压，构成等腰三角形脉冲，如图 5-14 所示。

正向扫描时，发生还原过程：

$$Ox + ne \rightleftharpoons Red$$

反向扫描时，发生氧化过程：

$$Red - ne \rightleftharpoons Ox$$

循环伏安图如图 5-15 所示。该法在一次扫描过程中完成一个氧化和还原过程的循环，故称为循环伏安法。

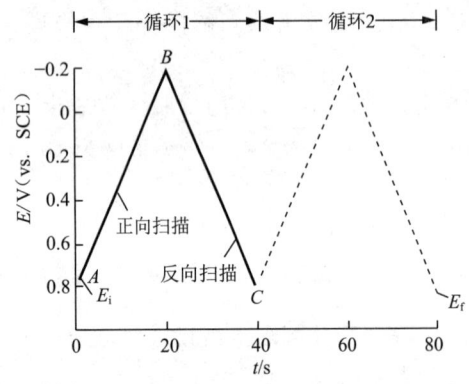

图 5-14　循环伏安法的典型激发信号

[三角波电位，转换电位为 0.8 V 和 −0.2 V(vs. SCE)]

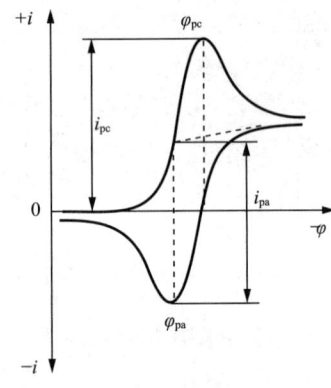

图 5-15　循环伏安图

能够和工作电极迅速交换电子的氧化还原电对称为电化学可逆电对。可逆电对的条件电位 $\varphi^{\ominus\prime}$ 值是 φ_{pa} 和 φ_{pc} 的平均值：

$$\varphi^{\ominus\prime} = (\varphi_{pa} + \varphi_{pc})/2 \tag{5-19}$$

可逆电对在电极反应中传递的电子数由两个峰电位的差决定：

$$\Delta\varphi_p = \varphi_{pa} - \varphi_{pc} \approx 0.056/n \tag{5-20}$$

第一个循环正向扫描可逆体系的峰电流可由 Randles-Sevcik 方程表示：

$$i_p = 2.69 \times 10^5 n^{3/2} AD^{1/2} v^{1/2} c \tag{5-21}$$

式中　i_p——峰电流，A；

　　　n——电子数；

　　　A——电极面积，cm^2；

　　　D——扩散系数，$cm^2 \cdot s^{-1}$；

c——浓度，$mol \cdot cm^{-3}$；

v——扫描速率，$V \cdot s^{-1}$。

根据上式，i_p 随 $v^{1/2}$ 的增加而增加，并和浓度 c 呈正比。对于简单的可逆（快反应）电对，i_{pa} 和 i_{pc} 的值很接近，即

$$i_{pa}/i_{pc} \approx 1 \tag{5-22}$$

循环伏安法一般用于研究电极过程，是一种十分有用的方法。循环伏安法一般不作为成分分析方法，成分分析时通过单向扫描（线性扫描伏安法）就能达到目的。

[仪器与试剂]

(1) 仪器：电化学工作站；金圆盘电极、铂圆盘电极或玻碳工作电极，铂丝辅助电极和饱和甘汞电极或 Ag/AgCl 参比电极，超声清洗仪，金刚砂纸（800 目），抛光装置，氮气瓶。

(2) 试剂：1.00×10^{-2} $mol \cdot L^{-1}$ $K_3Fe(CN)_6$ 溶液，1.0 $mol \cdot L^{-1}$ KNO_3 溶液，α-Al_2O_3，95%乙醇，6 $mol \cdot L^{-1}$ HCl，去离子水。

[实验步骤]

1) 固体电极表面的预处理

按前述电极处理方法用 α-Al_2O_3 粉按照 1.0，0.3，0.05 μm 粒度在平板玻璃或抛光布上分别进行抛光。对新的电极表面应先经金刚砂纸粗磨和细磨后再抛光。每次抛光后先洗去表面污物，再移入超声清洗仪中清洗，每次洗 2~3 min，重复 3 次。最后用乙醇、稀酸和水彻底洗涤，得到一个平滑光洁、新鲜的电极表面。

2) 扫描速率与 i_p 关系测试

在电解池中放入 1.00×10^{-3} $mol \cdot L^{-1}$ $K_3Fe(CN)_6$ 溶液，内含支持电解质 0.50 $mol \cdot L^{-1}$ KNO_3 溶液，插入铂圆盘（或金圆盘）指示电极、铂丝辅助电极和饱和甘汞电极，通氮气除氧 2 min。以扫描速率 20 $mV \cdot s^{-1}$ 从 +0.80~-0.20 V 扫描，记录循环伏安图。然后以不同扫描速率（如 10，40，60，80，100，200 $mV \cdot s^{-1}$）分别记录从 +0.80~-0.20 V 扫描的循环伏安图。

3) 溶液浓度与 i_p 关系测试

以 20 $mV \cdot s^{-1}$ 扫描速率从 +0.80~-0.20 V 扫描，分别记录 1.00×10^{-5}，1.00×10^{-4}，1.00×10^{-2} $mol \cdot L^{-1}$ $K_3Fe(CN)_6$ + 0.50 $mol \cdot L^{-1}$ KNO_3 溶液的循环伏安图。

[数据处理]

从 $K_3Fe(CN)_6$ 溶液的循环伏安图测定 i_{pa}，i_{pc} 和 φ_{pa}，φ_{pc} 的值。分别以 i_{pa}，i_{pc} 对 $v^{1/2}$ 作图，说明电流和扫描速率间的关系。计算 $\varphi^{\ominus\prime}$ 和 $\Delta\varphi_p$ 值。从实验结果说明 $K_3Fe(CN)_6$ 在 KNO_3 溶液中电极过程的可逆性。

[附注]

(1) 工作电极表面必须仔细清洗，否则会严重影响循环伏安图图形。

(2) 两次扫描之间，为使电极表面恢复初始状态，应将电极提起后再放入溶液中，或将溶液搅拌，等溶液静止 1~2 min 后再扫描。

[思考题]

(1) 解释 $K_3Fe(CN)_6$ 在 KNO_3 溶液中的循环伏安图形状。

(2) 如何用循环伏安法判断电极过程的可逆性？

(3) 若 $\varphi^{\ominus\prime}$ 值和 $\Delta\varphi_p$ 的实验结果与文献值有差异，试说明其原因。

第6章 紫外及可见吸收光谱法

6.1 方法原理

基于物质分子对光的选择性吸收而建立的分析方法称为吸光光度法,也称吸收光谱法,包括比色法、可见分光光度法(Visible spectrophotometry)和紫外分光光度法(Ultraviolet spectrophotometry)等。其中,可见分光光度法测定波长范围为 400~760 nm,研究对象为有颜色的无机物或有机物,更多的是无机配合物,电子跃迁方式包括电荷迁移和配位体场;紫外分光光度法测定波长范围为 190~400 nm,研究对象一般为有机物,也可以是无机配合物,电子跃迁方式包括 $\sigma \to \sigma^*$,$n \to \sigma^*$,$\pi \to \pi^*$,$n \to \pi^*$ 四种。

朗伯-比耳(Lambert-Beer)定律是光吸收的基本定律,也是分光光度法定量分析的依据,其物理意义是当一束平行的单色光通过单一均匀的溶液时,其吸光度与液层厚度以及吸光物质浓度的乘积呈正比,其数学表达式为:

$$A = \lg \frac{I_0}{I} = \lg \frac{1}{T} = kbc \tag{6-1}$$

式中 I_0,I——入射光强度和透射光强度;

A——吸光度;

T——透光率;

b——液层厚度,cm;

c——吸光物质的浓度;

k——比例常数,与吸光物质的性质、入射光波长及温度等因素有关。

比例常数的数值随浓度 c 所用单位的不同而不同。当 c 的单位为 $g \cdot L^{-1}$ 时,比例常数称为吸光系数,以 a 表示,单位为 $L \cdot g^{-1} \cdot cm^{-1}$;当 c 的单位为 $mol \cdot L^{-1}$ 时,比例常数称为摩尔吸光系数,以 ε 表示,单位为 $L \cdot mol^{-1} \cdot cm^{-1}$。$\varepsilon$ 是吸光物质在特定波长和溶剂情况下的一个特征常数,数值上等于浓度为 1 $mol \cdot L^{-1}$ 的吸光物质在 1 cm 光程中的吸光度,是物质吸光能力的量度。它可作为定性鉴定的参数,也可用于估量定量方法的灵敏度,且 ε 越大,方法的灵敏度越高。ε 会随入射光波长的改变而改变,在最大吸收波长处的摩尔吸光系数通常以 ε_{max} 表示。

由于不同的物质具有不同的分子结构,其电子跃迁方式和跃迁能必然不同,会对不同波长的光产生特异性吸收,也就是不同的物质具有不同的吸收光谱,根据吸收曲线的形状以及吸收峰的位置、强度和数目可以判断物质的结构。但紫外及可见吸收光谱吸收峰少且宽,仅能反映分子中生色团、助色团的特性,而不是整个分子的特性,在判断共轭程度、生色团种类及确定异构体等方面有其独到之处,但仅靠紫外及可见吸收光谱确定未知物的结构是非常困难的,必须结合其他光谱分析手段才可以实现。

6.2　紫外及可见分光光度计

光谱分析法是根据物质发射或吸收电磁辐射及物质与辐射之间的相互作用,用光学仪器来检测辐射性质的强弱,从而达到研究物质的化学成分、含量及结构的一大类仪器分析方法。光谱分析法的仪器种类繁多,各种分析方法所用仪器各有特点,但归纳起来一般都是由以下五个基本部分组成:① 光源;② 光学系统;③ 吸收池;④ 检测器;⑤ 信号读出装置。其光路示意图如 6-1 所示。

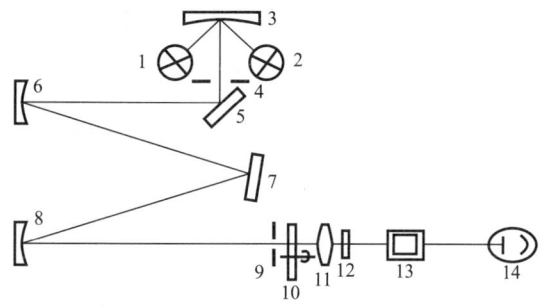

图 6-1　单光束分光光度计光路示意图
1—溴钨灯;2—氘灯;3—凹面镜;4—入射狭缝;5—平面镜;6,8—准直镜;7—光栅;9—出射狭缝;
10—调制器;11—聚光镜;12—滤色片;13—样品室;14—光电倍增管

紫外及可见吸收光谱法的光源是能提供强度稳定的连续辐射光源,紫外区常用氢灯或氘灯,使用的波长范围为 165~375 nm;可见及近红外区常用钨丝灯或卤钨灯,使用的波长范围为 365~2 500 nm。

光学系统是指将光源发出的电磁辐射分解为平行单色光或平行连续光谱的装置。单色器由入射狭缝、反射镜、色散元件、聚焦元件和出射狭缝等几部分组成,其关键部分是色散元件。色散元件所用材料根据分析目的及所用波谱区域的不同而不同,紫外区所用材料为石英,可见光区可用普通光学玻璃。色散元件有滤色片、棱镜或光栅三种类型,其性能直接影响入射光的单色性,从而影响测定的灵敏度、选择性和校正曲线的线性关系等。

吸收池又称样品池、试样室或液槽,是用来盛装被分析试样的槽状或压片状装置。吸收池一般为长方体,透光面的材料因其测量波谱区域而异,紫外区用石英,可见光区用普通光学玻璃。

检测系统是利用能够将电磁辐射信号通过光电转换器件实现光信号转变成电信号,进而检测的装置,它包括光电转换系统和放大检出系统两大部分。对紫外及可见光区的光学仪器而言,光电转换系统较常用的是光电池、光电管或光电倍增管等。20 世纪 80 年代出现了一种新型光电二极管阵列检测器(CCD),这种检测器就像一个感光板,一般是一个光电二极管对应接收光谱上一个纳米谱带宽度的单色光,这种记录方式不需要扫描,因此能在几毫秒的瞬间获得 190~1 100 nm 波长区间的吸收光谱。

检出系统常用读数指示器来显示。读数指示器一般须与光检测器件相匹配,常用的有微安表式和毫安表式检流计及各种类型的记录仪,目前多用数字显示装置,并多配有计算机数据处理平台。

紫外及可见分光光度计分为单波长和双波长分光光度计两类。单波长分光光度计又分为单光束和双光束分光光度计。单光束分光光度计的代表性仪器有上海光学仪器厂的721,721E,722,以及751G,752和53W型等分光光度计;双光束、双波长的有日本岛津仪器公司生产的 UV-1700,UV-2100 和 UV-2500 型等紫外光谱仪,可以实现吸收光谱的自动扫描,更有利于定性和定量分析。

6.3 实验项目

实验6-1 分光光度法测定 V-PAR-H_2O_2 三元配合物的组成比

[实验目的]

(1) 了解分光光度法测定三元配合物组成的基本方法,掌握用物质的量比法和斜率比法测定三元配合物组成的实验方法。

(2) 掌握721型分光光度计的组成和操作方法。

[实验原理]

测定溶液中配合物组成比的方法有分光光度法、电动势法、电位滴定法、极谱法、离子交换法和萃取法等。本实验采用分光光度法,该方法是基于金属离子 Me 和配位体 R 在一定条件下反应生成稳定的有色配合物 MeR_n(电荷符号略去),MeR_n 浓度的大小(颜色深浅)与 R 和 Me 的浓度比有关,因此通过测定不同浓度比溶液的吸光度即可求出配合物的组成比和生成常数。分光光度法测定又分为等物质的量连续变化法(又称等物质的量系列法)、物质的量比率法(又称物质的量比法)、直线法(又称 Asmus 法)、平衡移动法(又称 Bent-French 法)、莱维斯-斯科格(Lewis-Skoog)法、斜率比法和三元相图法等。本实验采用物质的量比法和莱维斯-斯科格法测定 V-PAR-H_2O_2 的组成比。

1) 物质的量比法

固定金属离子的浓度,改变络合剂(配位体)的浓度,配制一系列[R]/[Me]浓度比不同的溶液,以相应的络合剂溶液为参比,分别测定各溶液的吸光度 A,然后以吸光度 A 对[R]/[Me]作图,所得曲线的转折点所对应的浓度比即该二元配合物的组成比(见图 6-2)。

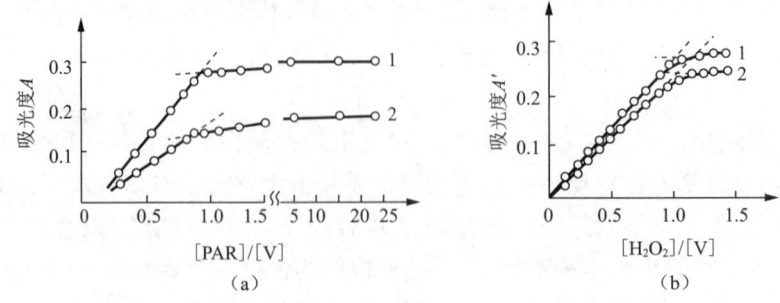

图 6-2 物质的量比法求 V-PAR-H_2O_2 三元配合物的组成

1—测定波长 540 nm;2—测定波长 560 nm;测定结果为 $n(V):n(PAR):n(H_2O_2)=1:1:1$(物质的量比)

用同样的方法也可测定三元配合物的组成比,但所不同的是要分两步进行。设 V-PAR-H_2O_2 三元配合物的组成为 $V_m(PAR)_n(H_2O_2)_p$。

(1) 固定[V]和[H_2O_2],改变[PAR],测其一系列吸光度 A,以 A 对[PAR]/[V]作图得 n/m 值(见图 6-2a)。

(2) 固定[V]和[PAR],改变[H_2O_2],同样可测得一系列吸光度 A',以 A' 对[H_2O_2]/[V]作图,可得 p/m 值(见图 6-2b)。

由(1)和(2)的结果即可得三元配合物的组成比。

本法简单、快速,对离解度小的配合物也可得到满意的结果。

2) 莱维斯-斯科格法

该三元体系存在如下平衡:

$$mV + nPAR + pH_2O_2 \longrightarrow V_m(PAR)_n(H_2O_2)_p + qH^+$$

式中 m, n, p——钒、PAR、过氧化氢在配合物分子中的配位数;

q——反应所释放出的氢离子数。

略去电荷,有如下关系:

$$K = \frac{[V_m(PAR)_n(H_2O_2)_p][H]^q}{[V]^m[PAR]^n[H_2O_2]^p} \tag{6-2}$$

因实验是在一定酸度条件下进行的,故[H]是个常数,所以有:

$$K' = \frac{K}{[H]^q} = \frac{[V_m(PAR)_n(H_2O_2)_p]}{[V]^m[PAR]^n[H_2O_2]^p} \tag{6-3}$$

配合物的浓度可由其摩尔吸光系数 ε、液池厚度及固定条件测得的吸光度 A 求出。当液池厚度 $L=1$ cm 时,$[V_m(PAR)_n(H_2O_2)_p] = A/(\varepsilon L) = A/\varepsilon$,代入式(6-3)得:

$$K' = \frac{A/\varepsilon}{[V]^m[PAR]^n[H_2O_2]^p} \tag{6-4}$$

取对数,移项得:

$$\lg A = m\lg[V] + n\lg[PAR] + p\lg[H_2O_2] + \lg(K'\varepsilon) \tag{6-5}$$

由上式可知,当固定过量的 PAR 和 H_2O_2 的浓度时,改变 V 的量,测定其吸光度 A,以 $\lg A$ 对 $\lg[V]$作图,得到一条直线,其斜率即为 m(见图 6-3)。同样固定过量的 V 和 H_2O_2(或 PAR)的浓度时,也能以 $\lg A$ 对 $\lg[PAR]$(或 $\lg[H_2O_2]$)作图,得到相应的直线斜率为 n(或 p)。配合物的组成比为 $n(V):n(PAR):n(H_2O_2) = m:n:p$(物质的量比)(见图 6-3)。

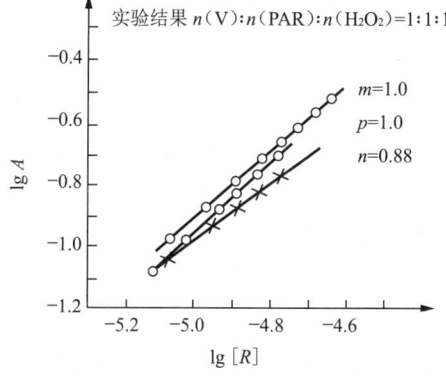

图 6-3 莱维斯-斯科格法测定配合物组成

图 6-3 中,测定 m 时,R 为 V;测定 n 时,R 为 PAR;测定 p 时,R 为 H_2O_2。

由上述讨论可知,物质的量比法和莱维斯-斯科格法的实验步骤相同,只是数据处理和测量点的多少不同(莱维斯-斯科格法只需直线部分的吸光度值)。

[仪器与试剂]

(1) 721 型(或 721E 型)分光光度计(附 1 cm 吸收池),1 台。

(2) 恒温水浴,1 台。

(3) 50 mL 容量瓶,18 只。

(4) 5 mL 吸量管,2 支。

(5) 2 mL 吸量管,1 支。

(6) 钒标准溶液:准确称取偏钒酸铵(保证试剂)1.1710 g 于烧杯中,加水约 20 mL,加 1:1 硫酸 5 mL,温热溶解,定量转入 1 L 容量瓶中,以水稀释至刻度,摇匀,即得 1.00×10^{-2} mol·L^{-1} 的钒标准溶液。如果试剂不纯,则可用硫酸亚铁铵法标定其浓度。将此溶液用水稀释 10 倍即得 1.00×10^{-3} mol·L^{-1} 钒标准溶液。

(7) 1.00×10^{-3} mol·L^{-1} PAR[4-(2-吡啶偶氮)-间苯二酚]标准溶液。若试剂质量不好,可用电解铜标定其浓度,然后稀释成 1.00×10^{-3} mol·L^{-1} 标准溶液。

(8) 1.00×10^{-3} mol·L^{-1} H_2O_2(分析纯)标准溶液:用高锰酸钾法标定浓 H_2O_2 浓度,然后稀释成 1.00×10^{-3} mol·L^{-1} 标准溶液。

(9) 2 mol·L^{-1} HCl 溶液。

(10) 3% NaF 溶液。

[实验步骤]

(1) 在 6 只 50 mL 容量瓶中各加入 1.00×10^{-3} mol·L^{-1} 的钒标准溶液 1 mL,1.00×10^{-3} mol·L^{-1} H_2O_2 溶液 5 mL,以水稀释至 20~30 mL,加 2 mol·L^{-1} HCl 溶液 2 mL,3% NaF 溶液 2 mL,然后依顺序加入 1.00×10^{-3} mol·L^{-1} PAR 标准溶液 0.00,0.40,0.50,0.60,0.70,0.80 mL,加水稀释至刻度,摇匀。室温低于 20 ℃ 时,放在 60~70 ℃ 的水浴中加热 5 min(室温高于 20 ℃ 时,若不加热则需要放置 1 h),冷却至室温后用 1 cm 吸收池在 560 nm 处分别测定其吸光度 A。用莱维斯-斯科格法(lg A 对 lg [PAR]作图)可求出 n 值。

(2) 固定 V 和 PAR 的浓度,在 6 只 50 mL 容量瓶中各加入 1.00×10^{-3} mol·L^{-1} 钒标准溶液 1 mL,2 mol·L^{-1} HCl 溶液 2 mL,1.00×10^{-3} mol·L^{-1} PAR 标准溶液 5 mL,3% NaF 溶液 2 mL,然后依顺序加入 1.00×10^{-3} mol·L^{-1} H_2O_2 标准溶液 0.00,0.40,0.50,0.60,0.70,0.80 mL,加水稀释至刻度,摇匀。其他步骤同上,但测定波长为 580 nm,测其吸光度 A,以 lg A 对 lg [H_2O_2]作图可求出 p 值。

(3) 固定 PAR 和 H_2O_2 的浓度,在 6 只 50 mL 容量瓶中各加入 1.00×10^{-3} mol·L^{-1} PAR 标准溶液 1 mL,1.00×10^{-3} mol·L^{-1} H_2O_2 标准溶液 5 mL,用 2 mol·L^{-1} HCl 溶液 2 mL 调 pH 值,再各加 3% NaF 溶液 2 mL,然后依顺序加入 1.00×10^{-3} mol·L^{-1} 钒标准溶液 0.00,0.40,0.50,0.60,0.70,0.80 mL,加水稀释至刻度,摇匀。其他步骤同上,但测定波长为 540 nm,测其吸光度 A,以 lg A 对 lg [V]作图可求出 m 值。

[数据处理]

(1) 以吸光度对物质的量比作图,用物质的量比法求算三元配合物的组成比。

(2) 以 lg A 对 lg [R]作图,用莱维斯-斯科格法求算三元配合物的组成比。

(3) 讨论上述两种方法所求组成比的一致性。

[附注]

(1) 所有吸光度的测定都以各自固定浓度的空白溶液作参比。金属离子与配位体的物质的量比等于所取各溶液的体积比。

(2) 显色溶液的酸度以 pH=1~4 为宜,否则 pH 的大小将影响吸光度值。

(3) 无 NaF 时,显色极慢,须在沸水浴上加热 2~3 min 发色才能完全。加入 NaF 后,在 20 ℃以上放置 20~30 min 即可发色完全,且吸光度可稳定 8 h 不变。

[思考题]

(1) 分光光度法测定配合物组成比的方法有哪几种?它们所依据的原理是什么?

(2) 试用分光光度法求算配合物的生成常数。

实验 6-2　不同溶剂中丙酮或异丙叉丙酮紫外光谱图的测绘

[实验目的]

(1) 了解 752 型紫外及可见分光光度计的工作原理和操作方法。

(2) 学会用描点法绘制紫外光谱图。

(3) 掌握溶剂极性改变使紫外光谱最大吸收波长位置发生位移的规律。

[实验原理]

有机化合物分子吸收紫外光,可使价电子发生 $\sigma\rightarrow\sigma^*$,$n\rightarrow\sigma^*$,$\pi\rightarrow\pi^*$ 和 $n\rightarrow\pi^*$ 跃迁,呈现紫外吸收光谱。在近紫外光谱区产生的 B 带、K 带和 R 带具有鲜明的特征性,可用于苯环、共轭多烯和杂原子双键等发色基团的鉴定。

溶剂除对吸收带的形状和强度有影响外,也影响吸收带的位置。一般随着溶剂极性的增加,$\pi\rightarrow\pi^*$ 跃迁向长波方向移动,而 $n\rightarrow\pi^*$ 跃迁向短波方向移动。

为了研究和准确鉴定发色基团,必须正确选用固定的溶剂;在绘制比较用的紫外吸收光谱图时,必须采用相同的溶剂,以排除溶剂极性对吸收光谱的影响。

本实验通过绘制丙酮(或异丙叉丙酮)在不同极性溶剂中的紫外吸收光谱,观察溶剂极性改变使谱带位置发生位移的规律。

[仪器与试剂]

(1) 752 型紫外及可见分光光度计(附 1 cm 石英吸收池,具盖),1 台。

(2) 50 mL 容量瓶,3 只。

(3) 1 mL 吸量管,1 支。

(4) 丙酮(或异丙叉丙酮)、环己烷、乙醇等,均为分析纯。

[实验步骤]

1) 试液的配制

取 3 只 50 mL 容量瓶,洗净后分别用少量水、乙醇、环己烷洗涤 3 次,分别移取 0.20 mL 丙酮于各容量瓶中,用相应的溶剂稀释至刻度,摇匀备用。丙酮-水溶液、丙酮-乙醇溶液、丙酮-环己烷溶液的体积分数均为 0.40%。(若用异丙叉丙酮,则其溶液的质量浓度均配成 5.2 mg·L^{-1}。)

2) 紫外光谱的测绘

(1) 按照紫外及可见分光光度计使用说明,预热、调校好仪器。

(2) 将丙酮(或异丙叉丙酮)溶液和相应的溶剂分别装入 2 只 1 cm 石英吸收池中,盖好池盖后以相应的溶剂作参比,在 220~320 nm 波长范围内测定各丙酮溶液的吸光度。于 220~250 nm 每隔 5 nm 测定一次;250~280 nm 的最大吸收段每隔 2 nm 测定一次;280~300 nm 每隔 5 nm 测定一次;300~320 nm 每隔 10 nm 测定一次(若测定异丙叉丙酮溶液,则需在 210~350 nm 波长范围内进行)。

[谱图绘制及讨论]

(1) 选择适当比例,以吸光度为纵坐标,波长为横坐标,在同一方格纸上绘制吸收光谱图,注明实验条件,找出谱带的最大吸收波长位置,说明各吸收峰是由何种跃迁引起的。

(2) 说明溶剂极性对最大吸收波长位置影响的变化规律。

[附注]

(1) 石英吸收池是贵重精密器皿,必须遵守使用规则,严禁手触光面,严防打碎,要用镜头纸擦净透光面。

(2) 凡改变波长时,均需用参比溶液重新调节仪器零点。

(3) 实验结束后,依次用稀盐酸(或合适的溶剂)、蒸馏水洗净石英吸收池,严禁用强碱液洗涤。

[思考题]

(1) 在近紫外光区可观察到什么吸收谱带?它是由什么发色基团产生的?

(2) 随着溶剂极性的增大,各吸收带将发生什么变化?

实验6-3 紫外双波长等吸收法测定苯酚和对氯苯酚含量

[实验目的]

(1) 掌握双波长等吸收法消除干扰的原理。

(2) 学会用双波长等吸收法测定苯酚和对氯苯酚的含量。

[实验原理]

当 M 和 N 两组分处于同一溶液中,它们的吸收光谱相互重叠而干扰时,不能用单一波长测定混合液中的某一组分(见图 6-4),但若用双波长等吸收法就能消除干扰,既可以单独测定一种组分,也可以分别测定两种组分。例如,当选 λ_2(M 组分的 λ_{max})作测量波长,λ_1 作参比波长时,N 组分在这两波长处具有相等的吸光度,即对 N 组分来说,不论其浓度是多少,其 $\Delta A_N = A_{\lambda_2} - A_{\lambda_1} = 0$。而 $\Delta A_M = A_{\lambda_2} - A_{\lambda_1} = (\varepsilon_{\lambda_2} - \varepsilon_{\lambda_1}) L c_M$,即 ΔA_M 与 M 组分的浓度 c_M 呈线性关系,因而通过测定 λ_1 和 λ_2 波长下吸光度差值 ΔA_M 就可求得 M 组分的含量。这就是双波长等吸收法测定混合液中某一组分的原理。

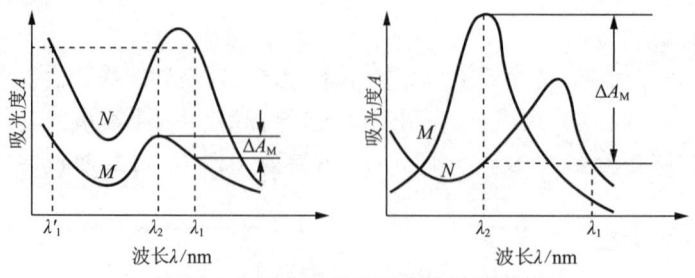

图 6-4 双波长等吸收法消除干扰原理

双波长等吸收法所选择的波长必须满足以下两个条件：

(1) 在这两个波长处，干扰组分应具有相同的吸光度，即 ΔA_N 等于零。

(2) 在这两个波长处，待测组分的吸光度差值应足够大。

为了选择有利于测量的 λ_1 和 λ_2，应先分别测绘各组分单独存在时的吸收光谱（在同一坐标纸上绘制），再用作图法确定 λ_1 和 λ_2。其步骤是：在待测组分 M 的最大吸收峰处或其附近选择一测量波长 λ_2，由此作垂直于 X 轴的直线，交干扰组分 N 的吸收光谱于某一点，再以此交点画一平行于 X 轴的水平线，与组分 N 的吸收光谱又产生一个或几个交点，交点处的波长即可作为参比波长 λ_1。当 λ_1 有几个位置可供选择时，所选择的 λ_1 应能使待测组分获得较大的吸光度差值。

本实验中，苯酚和对氯苯酚水溶液的吸收光谱相互重叠，需用双波长等吸收法测定混合液中苯酚的含量（或同时测其两组分的含量）。

[仪器与试剂]

(1) 752 型紫外及可见分光光度计（附 1 cm 石英吸收池）或 UV 系列紫外光谱仪，1 台。

(2) 25 mL 容量瓶，7 只。

(3) 5 mL 吸量管，3 支。

(4) 苯酚水溶液（250 mg·L^{-1}）：称取 25.0 mg 苯酚，用无酚蒸馏水溶解，定量转移到 100 mL 容量瓶中定容，摇匀。

(5) 对氯苯酚水溶液（250 mg·L^{-1}）：称取 25.0 mg 对氯苯酚，用无酚蒸馏水溶解，定量转移到 100 mL 容量瓶中定容，摇匀。

[实验步骤]

1) 苯酚水溶液和对氯苯酚水溶液吸收光谱的绘制

分别将适量的储备液（苯酚水溶液或对氯苯酚水溶液）稀释 5 倍，配成 50.0 mg·L^{-1} 苯酚水溶液和 50.0 mg·L^{-1} 对氯苯酚水溶液，在 250~300 nm 波长范围内以无酚蒸馏水作参比，用 1 cm 石英吸收池在紫外及可见分光光度计上测绘它们各自的吸收光谱，并将两条吸收光谱绘制在同一坐标纸上，用作图法选择合适的 λ_1 和 λ_2，再用对氯苯酚水溶液复测其吸光度是否相等。

2) 苯酚水溶液标准曲线的绘制及未知试样溶液中苯酚的测定

分别移取 250 mg·L^{-1} 苯酚水溶液 1.00，2.00，3.00，4.00，5.00 mL 及未知试样溶液 5.00 mL（2 份）于 7 只 25 mL 容量瓶中，用无酚蒸馏水定容，摇匀。在所选择的测量波长 λ_2 及参比波长 λ_1 处，以无酚蒸馏水作参比，用 1 cm 石英吸收池分别在紫外及可见分光光度计上测定苯酚标准系列溶液及试样溶液的吸光度。

3) 对氯苯酚的测定

自拟方案进行测定。

[数据处理]

(1) 在同一坐标纸上绘制苯酚水溶液和对氯苯酚水溶液的吸收光谱，并选择出合适的测量波长 λ_2 及参比波长 λ_1。

(2) 求出标准系列溶液在两波长处吸光度的差值 $\Delta A_{\lambda_2-\lambda_1}$，以 $\Delta A_{\lambda_2-\lambda_1}$ 为纵坐标，以苯酚水溶液的浓度为横坐标，绘制标准曲线。由未知试样溶液的 $\Delta A_{\lambda_2-\lambda_1}$ 值，从标准曲线上查出相应的苯酚含量，然后求得未知试样溶液中的苯酚浓度（mg·L^{-1}）。

（3）自拟方案求未知试样中对氯苯酚的浓度。

[附注]

（1）苯酚和对氯苯酚作标准溶液时，必须准确标定。

（2）试样溶液的取量视其含量高低而定，并使其在标准曲线范围内。

（3）在标准系列溶液中各加入不同量的干扰组分，使标准曲线更加符合实际，同时也可考察所选 λ_1 和 λ_2 的正确性。

[思考题]

（1）本实验与普通单波长分光光度法有何不同？双波长等吸收法的优点是什么？使用本法消除干扰的局限性是什么？

（2）本法所选择的波长对应满足哪两个条件？

实验 6-4 甲基橙离解常数的测定

[实验目的]

通过甲基橙离解常数的测定，掌握分光光度法测定一元弱酸离解常数的原理、方法和测定步骤。

[实验原理]

测定弱酸的离解常数是在分析化学研究工作中经常遇到的问题。分光光度法中所用的显色剂一般都是弱酸（或弱碱），在研究新显色剂时需用分光光度法测定其离解常数。

对于一元弱酸，在溶液中存在

$$HB \rightleftharpoons H^+ + B^-$$

其离解常数为：

$$K_a = \frac{[B^-][H^+]}{[HB]} \tag{6-6}$$

或

$$pK_a = pH + \lg\frac{[HB]}{[B^-]} \tag{6-7}$$

根据式(6-7)，只要知道溶液的 pH 值和 $[HB]/[B^-]$，就可以计算出离解常数 K_a。pH 值可用 pH 酸度计测得，$[HB]$ 和 $[B^-]$ 可由溶液的吸光度获得。对于浓度为 c 的一元弱酸，可以准备以下两种溶液。

第一种是强酸性溶液，此时可以认为溶液中全部以 HB 形态存在，溶液的吸光度 A_{HB} 为：

$$A_{HB} = \varepsilon_{HB} c \tag{6-8}$$

其中：

$$c = [HB] + [B^-] \tag{6-9}$$

第二种是强碱性溶液，HB 完全离解成 B^-，溶液的吸光度 A_{B^-} 为：

$$A_{B^-} = \varepsilon_{B^-} c \tag{6-10}$$

如果溶液的 pH 值在 pK_a 附近，则 HB 和 B^- 在溶液中共存，此时的吸光度 A 为 HB 和 B^- 两种物质吸光度的加和，即

$$A = \varepsilon_{HB}[HB] + \varepsilon_{B^-}[B^-] \tag{6-11}$$

由式(6-6)～式(6-11)不难得到：

$$pK_a = pH + \lg \frac{A - A_{B^-}}{A_{HB} - A} \tag{6-12}$$

由测得的溶液的 pH，A_{HB}，A_{B^-} 和 A，就可算出一元弱酸 HB 的离解常数。对于一元弱碱也有类似的算法。

甲基橙为一元弱酸，当甲基橙溶液的 pH 值为 3.1～4.4 时存在以下平衡：

$$HMO \rightleftharpoons H^+ + MO^-$$

在某一浓度下，不同 pH 值的溶液中，甲基橙有图 6-5 所示的吸收光谱。其中，最高曲线为酸式(HMO)的吸收曲线，最低曲线为碱式(MO$^-$)的吸收曲线，其他曲线为 HMO 和 MO$^-$ 共存时的曲线，它们的形状与溶液的 pH 值有关。从图 6-5 可以得到 A_{HMO} 和 A_{MO^-}，以及不同 pH 值时所对应的 A 值，代入式(6-11)就可得到一组 pK_a 值，取其平均值即可。

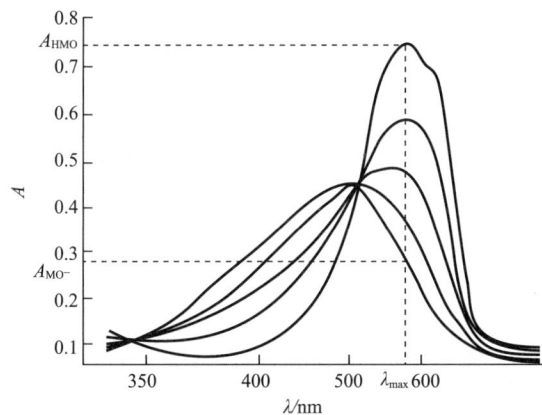

图 6-5　甲基橙溶液的吸收曲线

[仪器与试剂]

(1) 岛津 UV-2100 紫外光谱仪(附 1 cm 吸收池)，1 台。
(2) pH 酸度计，1 套。
(3) 50 mL 容量瓶，7 只。
(4) 5 mL，10 mL 移液管，各 1 支。
(5) 甲基橙溶液(2×10^{-4} mol·L^{-1})：称取 65.4 mg 甲基橙溶于水后，稀释至 1 000 mL。
(6) 2.5 mol·L^{-1} KCl 溶液。
(7) 2 mol·L^{-1} HCl 溶液。
(8) 氯乙酸-氯乙酸钠缓冲溶液：总浓度为 0.50 mol·L^{-1}，pH 值分别为 2.7，3.0 和 3.5。
(9) HAc-Ac$^-$ 缓冲溶液：总浓度为 0.50 mol·L^{-1}，pH 值分别为 4.0，4.5 和 6.0。

[实验步骤]

1) 溶液配制

取 7 只 50 mL 容量瓶编号，按表 6-1 配制测定溶液，并用水稀释至刻度，摇匀，用 pH 酸度计精确测定溶液的 pH 值。

2) HMO 吸收曲线的测绘

以表 6-1 中 1 号瓶试液为测试液，采用 1 cm 吸收池，以水作参比，波长范围为 200～

760 mm,测绘甲基橙 HMO 的吸收曲线,并找出其最大吸收波长 λ_{max}。

3) 吸光度测定

采用 1 cm 吸收池,以水作参比,用紫外光谱仪(附 1 cm 吸收池)测定各溶液在 λ_{max} 处的吸光度,并记下各测定结果。

表 6-1 测定溶液的配制

瓶号	甲基橙溶液/mL	KCl溶液/mL	HCl溶液/mL	氯乙酸-氯乙酸钠缓冲液		HAc-Ac⁻缓冲液		吸光度
				pH	用量/mL	pH	用量/mL	
1	5	2	2					
2	5	2		2.7	2			
3	5	2		3.0	2			
4	5	2		3.5	2			
5	5	2				4.0	2	
6	5	2				4.5	2	
7	5	2				6.0	2	

[数据处理]

用测得的吸光度值和 pH 值,通过上述公式计算出甲基橙的离解常数 K_a。

[附注]

(1) pH 值的测定应精确到小数点两位。

(2) 溶液的配制将直接影响测定结果,所以容量瓶中甲基橙的含量尽可能相同。

[思考题]

(1) 在测定甲基橙的离解常数时,酸式溶液和碱式溶液的吸收曲线是如何得到的?

(2) 是否可用甲基橙的酸式溶液或碱式溶液作参比溶液?

(3) 为什么实验中要求甲基橙的浓度要一致?

(4) 在计算甲基橙的 K_a 时,各种溶液的吸光度值应如何读取?

实验 6-5　导数分光光度法测定有丙酮干扰时乙醇中的微量苯

[实验目的]

(1) 了解导数分光光度法的基本原理与特点。

(2) 掌握用导数分光光度法进行定量分析的技术。

[实验原理]

导数光谱是对吸收光谱进行微分处理,从而得到的一条吸光度 A 对波长的变化率曲线。

导数光谱的主要特点是在合适的测量条件下能分辨重叠的吸收峰,辨认和放大较强吸收峰所掩盖的弱吸收峰或吸收曲线上的微小肩峰,以及消除宽带背景吸收。

若采用普通的分光光度法测定,则由于乙醇中所含少量的丙酮对微量苯的测定有严重的干扰而无法进行,如图 6-6 所示。

在导数光谱中,原始吸收光谱中的微小苯峰被放大,如图 6-7(b)所示。

在 4 阶导数光谱中,丙酮的干扰被消除,如图 6-8(a)所示。因此,在干扰组分丙酮的存在下,用导数分光光度法可以直接测定乙醇中的微量苯,而无须预先分离掉丙酮。

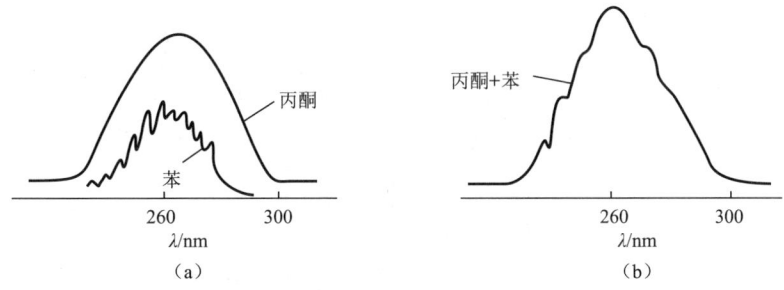

图 6-6　含微量丙酮和苯溶液的吸收光谱(乙醇为溶剂)
(a)微量苯和丙酮纯样品的吸收光谱;(b)苯和丙酮混合物的吸收光谱

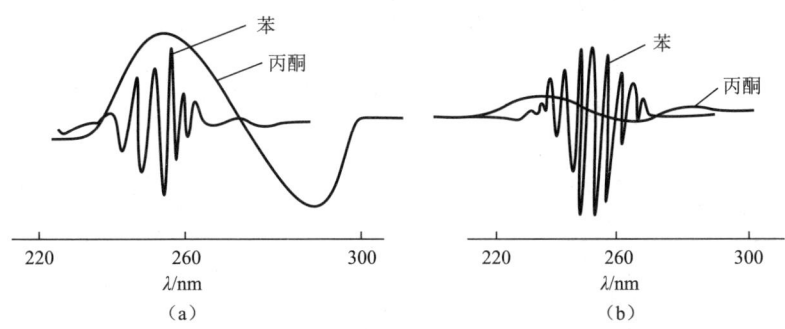

图 6-7　丙酮和苯纯样品的 1 阶和 2 阶导数光谱(乙醇为溶剂)
(a)1 阶导数光谱;(b)2 阶导数光谱

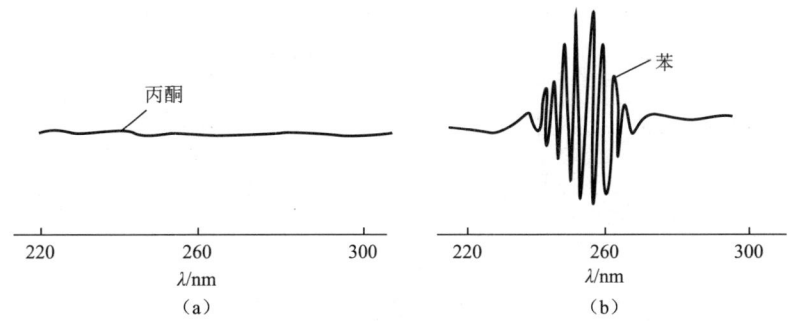

图 6-8　丙酮的 4 阶导数光谱(a)和苯的 4 阶导数光谱(b)

导数分光光度法定量分析的基础是朗伯-比耳定律。若以 $A=\varepsilon bc$ 表示朗伯-比耳定律,则对吸光度 A 取微分,可以得到下列导数关系式:

$$\frac{d^n A}{d\lambda^n} = \frac{d^n \varepsilon}{d\lambda^n} bc \tag{6-12}$$

式中　b——吸收池厚度;
　　　c——待测组分的浓度;
　　　ε——摩尔吸光系数。

由此可见,吸光度 A 的各阶导数值均与待测组分浓度呈线性关系,并且当摩尔吸光系数 ε 的各阶导数值为最大时,具有最大的测定灵敏度。

导数光谱峰的测量主要有切线法、峰谷法、峰零法三种(见图 6-9),可以从中选用一种灵敏度高、线性关系好的方法测定。

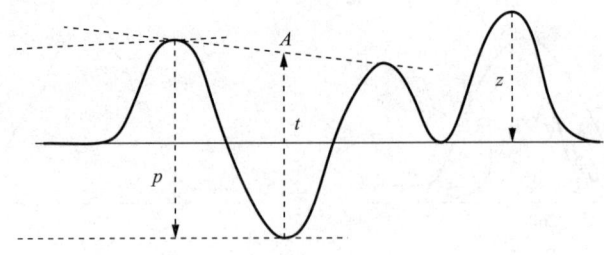

图 6-9　导数光谱峰高的测量方法
t—切线法;p—峰谷法;z—峰零法

[仪器与试剂]

(1) 岛津 UV-2450 紫外光谱仪(附 1 cm 石英比色皿 2 只,具盖)。
(2) 10 mL 容量瓶,7 只。
(3) 5 mL 刻度移液管,2 支。
(4) 0.1 mL·L^{-1} 苯乙醇溶液。
(5) 5 mL·L^{-1} 丙酮乙醇溶液。
(6) 约 0.03 mL·L^{-1} 苯乙醇溶液。

[实验步骤]

1) 试液配制

试液配制表见表 6-2。

表 6-2　试液配制表

溶液编号	Ⅰ	Ⅱ	Ⅲ	Ⅳ	Ⅴ	Ⅵ	Ⅶ
V(0.1 mL·L^{-1}苯乙醇溶液)/mL	5	—	1	2	3	4	5
V(5 mL·L^{-1}丙酮乙醇溶液)/mL	—	1	1	1	1	1	1
V(总)/mL	10	10	10	10	10	10	10

注:以乙醇为溶剂,定容至 10 mL。

2) 吸收光谱绘制

在扫描间隔 0.5 nm 的条件下,于 330～220 nm 波长范围内绘制各溶液的吸收光谱。

3) 导数转换

在标尺因子 100、微分波长区间 5 nm、次数 4 的条件下,对各吸收光谱进行导数光谱转换。

4) 测定波长确定

读取Ⅰ号溶液的导数光谱中最强峰(谷)的峰(谷)位波长。

5) 导数光谱值读取

读取Ⅲ～Ⅶ号溶液及待测溶液在测定波长处导数光谱值。

[数据处理]

(1) 打印Ⅰ号溶液及Ⅱ号溶液的吸收光谱重叠图、Ⅰ号溶液及Ⅱ号溶液的 4 阶导数光谱重叠图,讨论干扰消除状况。

(2) 绘制工作曲线,求待测溶液中苯含量。

[思考题]

与一般分光光度法相比,用导数分光光度法进行定量分析有何优点?

实验 6-6　分光光度法测定水中微量铁含量

[实验目的]

(1) 掌握 721E 型分光光度计的使用方法。

(2) 掌握用比色法测定微量成分或杂质的操作。

[实验原理]

邻菲罗啉(Phen)和 Fe^{2+} 在 pH 值为 3~9 的溶液中会生成一种稳定的橙红色络合物 $Fe(Phen)_3^{2+}$,其 $\lg\kappa=21.3$,$\varepsilon_{508}=1.1\times10^4$ L·mol^{-1}·cm^{-1},铁含量在 0.1~6 μg·mL^{-1} 范围内遵守朗伯-比耳定律,其吸收曲线如图 6-10 所示。显色前需用盐酸羟胺或抗坏血酸将 Fe^{3+} 全部还原为 Fe^{2+},然后再加入邻菲罗啉,并调节溶液酸度至适宜的显色酸度范围。有关反应如下:

$$2Fe^{3+} + 2NH_2OH \cdot HCl \rightleftharpoons 2Fe^{2+} + N_2\uparrow + 2H_2O + 4H^+ + 2Cl^-$$

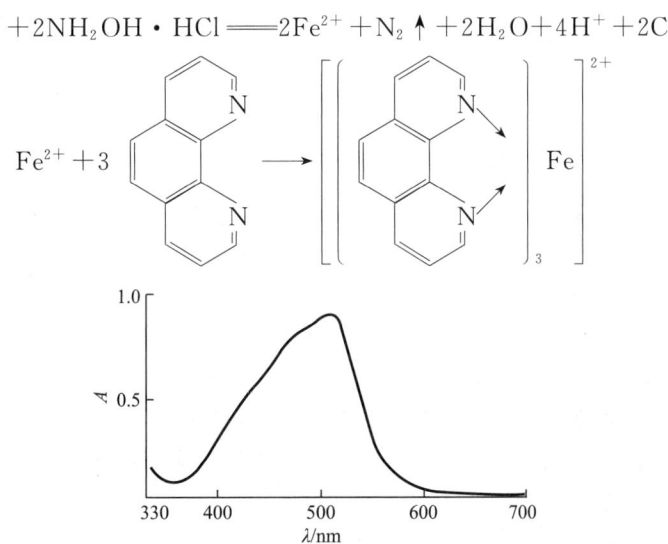

图 6-10　邻菲罗啉-铁(Ⅱ)的吸收曲线

用分光光度法测定物质的含量一般采用标准曲线法,即配制一系列浓度的标准溶液,在实验条件下依次测量各标准溶液的吸光度(A),以溶液的浓度为横坐标,相应的吸光度为纵坐标,绘制标准曲线。在同样实验条件下,测定待测溶液的吸光度,根据测得吸光度值从标准曲线上查出相应的浓度值,即可计算试样中被测物质的质量浓度。

[仪器与试剂]

(1) 721E 型分光光度计,1 台。

(2) 50 mL 容量瓶,9 只。

(3) 1 mL,2 mL,5 mL 刻度移液管,各 2 支。

(4) 50 mL 碱式滴定管,1 支。

(5) 0.1 mg·L^{-1}铁标准储备液。
(6) 100 g·L^{-1}盐酸羟胺溶液(用时现配)。
(7) 1.5 g·L^{-1}邻菲罗啉溶液,避光保存,溶液颜色变暗时不能使用。
(8) 1.0 mol·L^{-1}乙酸钠溶液。
(9) 0.1 mol·L^{-1}氢氧化钠溶液。

[实验步骤]
1) 显色标准溶液的配制

在序号为1~6的6只50 mL容量瓶中用2 mL刻度移液管分别加入0,0.20,0.40,0.60,0.80,1.0 mL铁标准溶液(含铁0.1 g·L^{-1}),再分别加入1 mL 100 g·L^{-1}盐酸羟胺溶液,摇匀后放置2 min,然后各加入2 mL 1.5 g·L^{-1}邻菲罗啉溶液、5 mL 1.0 mol·L^{-1}乙酸钠溶液,用水稀释至刻度,摇匀。

2) 吸收曲线的绘制

在分光光度计上,用1 cm吸收池,以试剂空白溶液(1号)为参比,在440~560 nm之间每隔10 nm测定一次待测溶液(5号)的吸光度A,然后以波长为横坐标,以吸光度为纵坐标,绘制吸收曲线,从而选择测定铁的最大吸收波长。

3) 显色剂用量的确定

在7只50 mL容量瓶中各加入2.0 mL 10^{-3} mol·L^{-1}铁标准溶液和1.0 mL 100 g·L^{-1}盐酸羟胺溶液,摇匀后放置2 min。分别加入0.2,0.4,0.6,0.8,1.0,2.0,4.0 mL 1.5 g·L^{-1}邻菲罗啉溶液,再各加入5.0 mL 1.0 mol·L^{-1}乙酸钠溶液,用水稀释至刻度,摇匀。以水为参比,在选定波长下测量各溶液的吸光度。以显色剂邻菲罗啉的体积为横坐标,以相应的吸光度为纵坐标,绘制吸光度-显色剂用量曲线,确定显色剂的用量。

4) 溶液适宜酸度范围的确定

在9只50 mL容量瓶中各加入2.0 mL 10^{-3} mol·L^{-1}铁标准溶液和1.0 mL 100 mol·L^{-1}盐酸羟胺溶液,摇匀后放置2 min。各加入2 mL 1.5 g·L^{-1}邻菲罗啉溶液,然后从滴定管中分别加入0,2.00,5.00,8.00,10.00,20.00,25.00,30.00,40.00 mL 0.1 mol·L^{-1} NaOH溶液摇匀,用水稀释至刻度,摇匀。用精密pH试纸或酸度计测量各溶液的pH值。

以水为参比,在选定波长下,用1 cm吸收池测量各溶液的吸光度,然后绘制A-pH曲线,确定适宜的pH值范围。

5) 络合物稳定性的研究

移取2.0 mL 10^{-3} mol·L^{-1}铁标准溶液于50 mL容量瓶中,加入1.0 mL 100 g·L^{-1}盐酸羟胺溶液,摇匀后放置2 min。各加入2.0 mL 1.5 g·L^{-1}邻菲罗啉溶液和5.0 mL 1.0 mol·L^{-1}乙酸钠溶液,用水稀释至刻度,摇匀。以水为参比,在选定波长下,用1 cm吸收池,每放置一段时间(放置时间分别为5 min,10 min,30 min,1 h,2 h,3 h)测量一次溶液的吸光度。

以放置时间为横坐标,以吸光度为纵坐标,绘制A-t曲线,对络合物的稳定性作出判断。

6) 标准曲线的测绘

以步骤1)中试剂空白溶液(1号)为参比,用1 cm吸收池,在选定波长下测定2~6号各显色标准溶液的吸光度。在坐标纸上,以铁的浓度为横坐标,以相应的吸光度为纵坐标,绘制标准曲线。

7) 铁含量的测定

试样溶液按步骤1)显色后,在相同条件下测量吸光度,由标准曲线计算试样中微量铁的质量浓度。

[思考题]

(1) 用邻菲罗啉测定铁时,为什么要加入盐酸羟胺?其作用是什么?试写出有关反应方程式。

(2) 根据有关实验数据,计算邻菲罗啉-铁(Ⅱ)络合物在选定波长下的摩尔吸收系数。

(3) 在有关实验中,均以水为参比,为什么在测绘标准曲线和测定试液时要以试剂空白溶液为参比?

第 7 章 红外光谱法

7.1 方法原理

红外吸收光谱(Infrared absorption spectra)是由于分子中振动能级的跃迁而产生的。因为振动能级的跃迁常常伴随着分子中转动能级的跃迁,故红外吸收光谱又称为振动-转动光谱。当一束红外光照射物质时,被照射的物质的分子将选择性地吸收一部分相应的光能,转变为分子的振动能和转动能,使分子的振动和转动跃迁到较高的能级上,光谱上即出现吸收谱带。将这种吸收情况以吸收的形式记录下来,就得到该物质的红外吸收光谱,简称红外光谱(Infrared Spectra,IR)。利用红外光谱图进行定性分析、结构鉴定和定量分析的方法称为红外光谱法。

定性分析和结构鉴定的依据是红外光谱中吸收峰的位置、强度和形状,其中吸收峰的位置是最关键的参数。位置就是以波数表示的基团的振动频率,也有以基团吸收的光的波长表示位置的,但很少使用。当基团的固有振动频率与入射光的振动频率相等,并且该振动会引起分子偶极距的变化时,就会产生共振吸收。基团的固有振动频率与基团的固有性质是密切相关的,见式(7-1)。

$$\tilde{\nu} = \frac{1}{2\pi c}\sqrt{\frac{\kappa}{\mu}} \tag{7-1}$$

式中 $\tilde{\nu}$ ——以波数表示的吸收光的频率,也就是分子中基团的振动频率,cm^{-1};

c ——真空中的光速,$3\times10^{10}\ cm\cdot s^{-1}$;

κ ——化学键的力常数,$dyn\cdot cm^{-1}$($1\ dyn\cdot cm^{-1}=10^{-5}\ N\cdot cm^{-1}$);

μ ——分子或分子团的折合质量,g。

由式(7-1)可见,分子的振动频率与成键原子的折合质量和键的力常数有关,即键的力常数越大,频率越高;折合质量越大,频率越低。

分子在振动过程中,只有引起分子偶极矩发生改变的那些振动才能吸收红外辐射的能量,产生红外吸收光谱,这样的振动称为红外活性振动,并且振动过程中分子的偶极矩变化越大,吸收峰强度越大,如羰基 $-\overset{\overset{\displaystyle O}{\|}}{C}-$ 的伸缩振动。相反,那些不能引起分子偶极矩变化的振动无法对光产生吸收,称为红外非活性振动,如同核双原子分子 H_2、O_2 以及 CO_2 的对称伸缩振动等。

分子振动的形式分为两大类,即伸缩振动和弯曲振动(或称变形振动)。

伸缩振动以 ν 表示,它是沿着键轴方向的振动,只改变键长而对键角没有影响。伸缩振动又可分为对称伸缩振动和反对称伸缩振动两种,分别用符号 ν_s 和 ν_{as} 表示。

弯曲振动以 δ 表示,它是键长不变,只改变键角的振动。弯曲振动又可分为面内振动和面外振动两种。

红外光谱区 4 000～670 cm^{-1} 可划分为两大区域,分别为官能团区和指纹区。官能团区(4 000～1 300 cm^{-1})又称为特征频率区,该区域多为基团的伸缩振动吸收峰,特点是吸收峰少、特征性强;指纹区(1 300～670 cm^{-1})的吸收峰较多,强度较弱,通常是官能团区吸收峰的相关峰,可作为化合物中所含官能团的旁证。

7.2 红外光谱仪

自 1940 年第一代商用红外光谱仪问世以来,红外光谱仪在有机化学研究中得到了广泛的应用。随后,出现了分辨率更高的、以光栅为分光元件的第二代红外光谱仪。1985 年前后,傅里叶变换红外光谱仪问世,作为第三代红外光谱仪,它不仅分辨率更高,而且响应速度极快,1 s 以内就可绘出整张谱图,因此可以作为检测器与色谱联用,在定性和结构鉴定方面的作用更加重要。下面简要介绍一下两种红外光谱仪。

1) WFD-14 型红外分光光度计

WFD-14 型红外分光光度计是日本日立公司生产的一种自动记录样品透光率随着波数变化的仪器。它采用双光束光学自动平衡测量原理:由光源发出的光经两对反射镜被对称地分成两束光——参比光束和样品光束(见图 7-1)。样品光束通过样品池进入,并由 100% 调节片控制其能量。参比光束经参比池进入,由伺服电机带动的光楔(线性衰减器)控制其能量。两束光通过旋转的扇形斩光镜交替地以相等的光程进入单色器,经光栅分光后交替聚焦在热释电探测器(TGS)上。当在某波数下样品被吸收时,样品光将在这个波数减弱,引起两个光束之间光能量的不平衡,这种不平衡经 TGS 接收、光电转换后,产生了对应于斩光镜旋转频率(13 Hz)的交流(AC)电信号。该 AC 信号正比于两光束能量之差,它经前置放大和主放大后,再经同步检波变成直流(DC)信号。DC 信号经整平、调制成为 50 Hz,最后经功率放大,驱动伺服电机。伺服电机旋转带动光楔运动使两束光重新平衡,与此同时,电机还带动记录笔移动,记录这一平衡过程,绘出透光率-波数曲线,即红外光谱图(见原理方框图 7-2)。50 Hz 信号的相位决定电机的旋转方向。当伺服电机旋转带动光楔使光能之间平衡时,探测器发出的 AC 信号为零,电机也就停止转动。

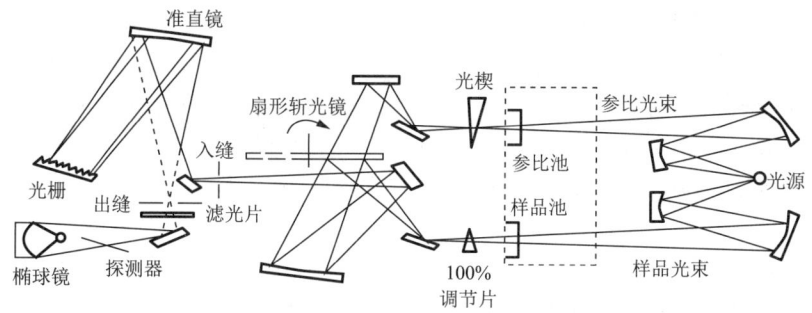

图 7-1 WFD-14 型红外分光光度计光路图

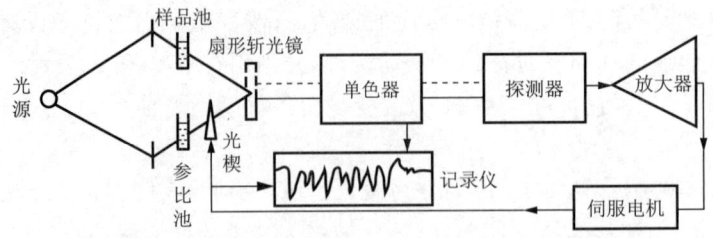

图 7-2 双光束红外分光光度计原理方框图

本仪器的光源为能斯特灯,用光栅衍射分光,液槽用 NaCl 盐片抛光制成,用 TGS 作探测器。

2) Spectrum One 傅里叶变换红外光谱仪

Spectrum One 傅里叶变换红外光谱仪(FT-IR 光谱仪)是一种新型干涉调频光谱仪,由美国埃尔默公司生产。与色散型红外光谱仪相比,它具有不需要狭缝、可同时获得全部辐射波长范围内的所有光谱信息、分辨率高、扫描速度快、灵敏度高、测量精度高、光谱范围广等突出的优点。FT-IR 光谱仪不需要色散元件,主要由光源、Michelson 干涉仪、检测器、计算机和记录仪构成,其结构如图 7-3 所示。

该仪器的工作原理是:由光源发出的红外辐射信号通过迈克尔逊(Michelson)干涉仪形成干涉信号,通过样品选择性吸收后,经反射镜到达检测器,检测器获得的干涉信号以干涉图的形式输入计算机,由计算机进行傅里叶变换的数学处理,将干涉图还原为正常使用的以透光率($T/\%$)为纵坐标,以波数为横坐标的普通红外光谱图。

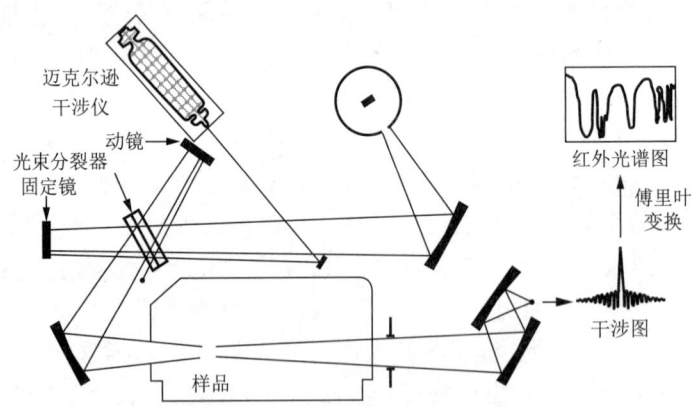

图 7-3 FT-IR 光谱仪的结构示意图

Michelson 干涉仪是 FT-IR 光谱仪的核心部件,其光学原理示意图如图 7-4 所示。

图 7-4 中,M_1 与 M_2 为互相垂直的两块平面反射镜,其中 M_1 固定不动,M_2 为可沿图中箭头所示方向做微小移动的动镜。BS 为置于两者之间的与两镜面各呈 45°角的光束分裂器。近红外干涉仪中的光束分裂器一般由石英和 CaF_2 为基质制成,中红外干涉仪中的光束分裂器一般由 KBr 为基质制成,远红外干涉仪中的光束分裂器一般是 Mylar 膜或网格固体材料。

Michelson 干涉仪的光学原理是:由光源 S 发出的红外辐射经光束分裂器 BS 分成强度相同的两束——光束Ⅰ和光束Ⅱ,光束Ⅰ透过 BS 到达 M_2 并被反射到检测器 D;光束Ⅱ反射到固定镜 M_1,再由 M_1 沿原路反射回来,通过 BS 到达检测器 D。如果进入干涉仪的是波

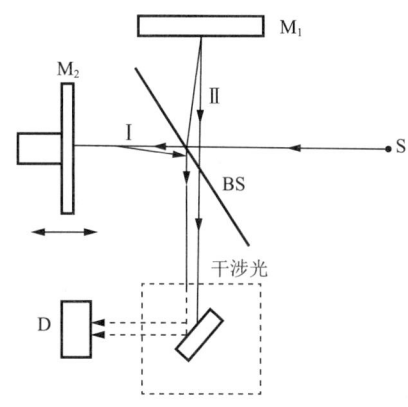

图 7-4　Michelson 干涉仪光学原理示意图
M_1—固定式平面反射镜；M_2—移动式平面反射镜（称动镜）；
BS—光束分裂器（也称分束器）；S—光源；D—检测器

长为 λ_1 的单色光,开始时因 M_1 和 M_2 到 BS 的距离相同(此时称 M_2 处于零位),光束Ⅰ和光束Ⅱ到达检测器的相位相同,发生相长干涉,亮度最大。当动镜 M_2 移动 $\lambda_1/4$ 的距离时,光束Ⅰ的光程变为 $\lambda_1/2$,在检测器上两束光的相位相差 $180°$,发生相消干涉,亮度最小。当动镜 M_2 移动 $\lambda_1/4$ 的奇数倍距离时,光束Ⅰ和光束Ⅱ的光程差为 $\pm\lambda_1/2,\pm 3\lambda_1/2,\pm 5\lambda_1/2,\cdots$（正负号分别表示动镜从零位向两边的位移),都会发生相消干涉。当动镜 M_2 移动 $\lambda_1/4$ 的偶数倍距离,即光束Ⅰ和光束Ⅱ的光程差为 λ_1 的整数倍时,都会发生相长干涉。在上述两种位移之间则发生部分相消干涉。因此,匀速移动 M_2,即连续改变光束Ⅰ和光束Ⅱ的光程差时,在检测器 D 上记录的信号将呈余弦变化。动镜 M_2 每移动 $\lambda_1/4$ 的距离,信号就会从明到暗周期性地改变一次(见图 7-5a)。图 7-5(b)是另一入射光波长为 λ_2 的单色光所得的干涉图。如果是两种波长的单色光一起进入干涉仪,则获得两种单色光干涉图的加和图(见图 7-5c)。

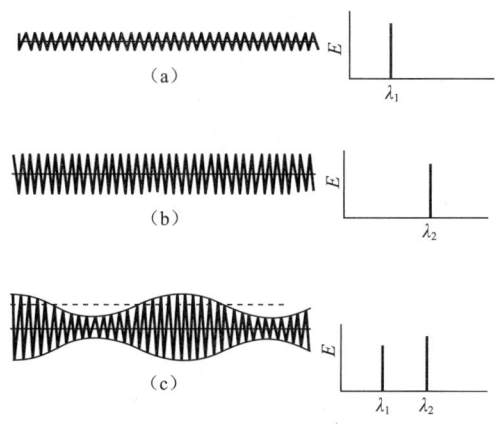

图 7-5　单色光的干涉

当入射光为连续波长的多种单色光时,得到的是中心极大、两侧迅速衰减的对称的红外光谱干涉图(见图 7-6)。这种多波长复合光的干涉图是所有各波长单色光干涉图的加和图。当这种多波长复合光通过试样时,由于试样对不同波长光的选择性吸收,干涉图曲线发生变化(见图 7-7a)。像图 7-7(a)这样复杂的干涉图是难以解释的,需要通过计算机进行快速的傅里叶变换处理,获得人们所熟悉的以透光率为纵坐标,以波数为横坐标的普通红外光谱图(见图 7-7b)。

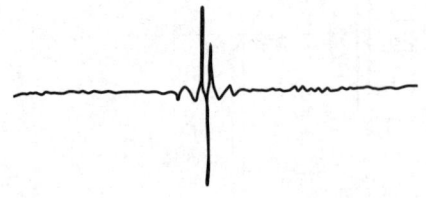

图 7-6　红外光谱干涉图

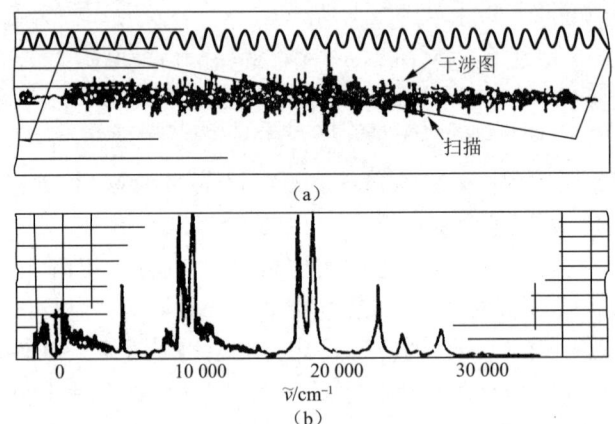

图 7-7　同一种有机化合物的干涉图(a)和红外光谱图(b)
图(a)中扫描线表示的是动镜的移动轨迹

在 FT-IR 光谱仪的基础上,发展了以下几种新红外光谱测定技术。

(1) 漫反射光谱技术。

漫反射(DR)光谱技术用于收集高散射样品的光谱信息,适合粉末状样品。

漫反射光谱技术其实是一种半定量技术,即将 DR 光谱经过 KM(Kubelka-Munk)方程校正:

$$f(R_\infty) = \frac{1-R_\infty}{2R_\infty} = \frac{K}{S} \tag{7-2}$$

式中　$f(R_\infty)$——校正后的光谱信号强度;

　　　R_∞——试样在无限深度下(大于 3 cm)与无红外吸收的参照物(如 KBr)的漫反射之比;

　　　K——分子吸收系数(常数);

　　　S——试样散射系数(常数)。

DR 原谱的横坐标是波数,纵坐标是漫反射比 R_∞,经 Kubelka-Munk 方程校正后,最终得到的漫反射光谱图与红外吸收光谱图相似,如图 7-8 所示。DR 测量时,无须 KBr 压片,可直接将粉末样品放入试样池内,用 KBr 粉末稀释后测其 DR 光谱。

若用优质的金刚砂纸轻轻摩擦表面的方法进行固体制样,可大大简化样品准备过程,并且在砂纸上测量已被磨过的样品可以得到高质量的 DR 光谱图。由于金刚石的高散射性,用金刚石的粉末磨料可得到很好的结果。

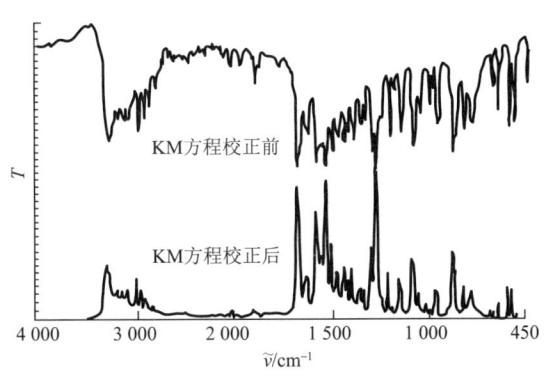

图 7-8　KM 光谱修正示意图

(2) 衰减全反射光谱技术。

衰减全反射(ATR)光谱技术用于收集材料表面的光谱信息,适合于普通红外光谱无法测定的厚度大于 0.1 mm 的塑料、高聚物、橡胶和纸张等样品。

应用衰减全反射附件进行样品测量时,各谱带的吸收强度不仅与试样的吸收性质有关,还取决于光线的入射深度,其关系如下:

$$d_p = \frac{\lambda_1}{2\pi\left[\sin^2\alpha - \left(\dfrac{n_2}{n_1}\right)^2\right]^{\frac{1}{2}}} \tag{7-3}$$

式中　d_p——入射深度;
　　　α——入射角;
　　　λ_1——光在光密介质即多重反射晶体中的波长;
　　　n_1——反射晶体的折射率;
　　　n_2——样品的折射率。

式(7-3)表明,入射深度是入射光波长 λ_1 的函数,当入射角 α 和反射晶体的折射率 n_1 选定后,样品的折射率是固定的,那么,d_p 与 λ_1 呈正比。长波(低波数)区入射深度大、吸收强,短波区则相反,这样所获得的 ATR 红外谱图就需要经过 MIR 方程校正,如图 7-9 所示。

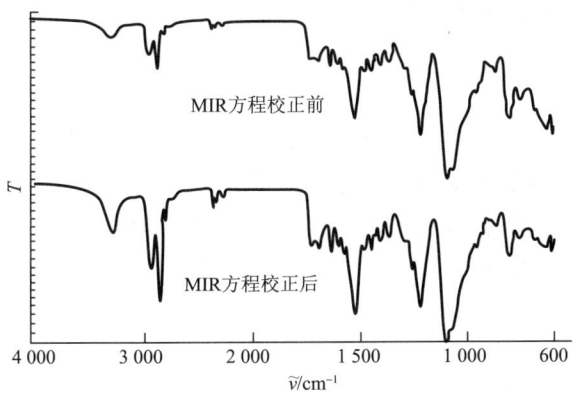

图 7-9　MIR 光谱修正示意图

7.3　实验项目

实验 7-1　液体样品红外光谱的测绘与解析

[实验目的]

(1) 加深对红外光谱基本原理的理解，熟悉红外光谱法在有机结构分析中的应用。

(2) 通过实验了解红外光谱仪的结构，掌握其基本操作方法。

(3) 学会谱图解析的程序，掌握识谱的方法。

[实验原理]

根据物质对红外光选择性吸收的原理，当用频率连续变化的红外光对样品进行扫描（即用不同波长的红外光照射样品）时，分子中那些活性振动频率和红外光频率相等的化学键就会吸收与其相等频率的红外光，从而使有活性振动的键产生振动能级跃迁。如果以波长（或波数）为横坐标，以光的透过率为纵坐标，将吸收光的强度记录下来，就可以观察到某些频率的红外光被吸收，其通过样品的透过光变弱，而另一些频率的红外光不被吸收，其透过样品的透过光强，如此得到的谱图即为红外吸收光谱。

分子吸收红外辐射的特定频率及强度取决于某特定化学键的强度及与键相连接原子的质量，亦与分子中其他化学键和原子间相互影响有关，即受整个分子环境的影响，凡是结构不同的化合物都具有不同的红外吸收光谱，所以红外光谱具有高度的特征性，可用于基团分析、分子结构鉴定和成分定量分析。

[仪器与试剂]

(1) Spectrum One 傅里叶变换红外光谱仪，1 台。

(2) 红外干燥灯，1 台。

(3) 可拆卸液池，1~2 套。

(4) 未知纯物质液体试样，数瓶。

(5) 95%乙醇（清洗盐片用），1 瓶。

(6) 麂皮 1 块，镜头纸若干。

[实验步骤]

1) 样品的制备

将可拆卸液池螺母及金属环片取下，然后放一片已抛光好的氯化钠（或溴化钾）盐片于框架上，用滴管加 1~2 滴待测试样于盐片上，再将另一块盐片压在试样上，然后放上金属环片，拧上螺母，压紧试样（注意：勿拧得太紧，严防盐片破裂，以夹住盐片不掉为宜），放在红外干燥灯下，以备测绘红外光谱。

2) 红外光谱图的测绘

按照仪器使用操作规程测绘试样的红外光谱。

(1) 打开电源，预热仪器。

(2) 输入样品名，设置操作参数。

(3) 扫描扣除背景。

(4) 用聚苯乙烯膜进行波数误差校正。

采用聚苯乙烯薄膜红外光谱图(见图 7-10)作为波数数据(见表 7-1)校正的标准,是因为其具有吸收峰位置确定、分布比较均匀、吸收强度比较大等特点。

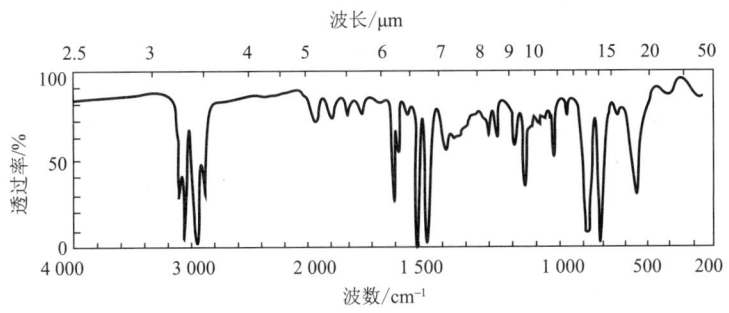

图 7-10　聚苯乙烯膜标准红外光谱图

表 7-1　聚苯乙烯谱带的波长与波数的标准值

波长/μm	3.302 6	3.419 0	3.507 0	5.142 6	5.343 3	6.242 8
波数/cm^{-1}	3 027.1	2 924.0	2 850.7	1 944.0	1 871.0	1 601.4
波长/μm	6.315 0	8.660 9	9.725 0	11.026 0	14.304 0	
波数/cm^{-1}	1 583.1	1 154.3	1 028.0	906.7	698.9	

(5) 样品测定。将制备好的样品液池插入样品光路,从波数 4 000 cm^{-1} 开始记录样品的红外光谱,直到波数 400 cm^{-1} 扫描结束。若需再扫另一样品,重复此操作即可。

[谱图处理及解析]

1) 波数误差校正

各波数段的允许误差见表 7-2。凡超过允许误差处,应按表 7-3 所示格式列在实验报告中。样品在此范围内有吸收峰时,均需要进行波数误差校正。

表 7-2　波数误差允许值

波数范围	4 000～2 000 cm^{-1}	2 000～650 cm^{-1}
允许误差 Δν	±5 cm^{-1}	±2 cm^{-1}

表 7-3　所用仪器的波数误差

聚苯乙烯	标准值	
	实验值	
	仪器误差 Δν	

2) 未知样品红外光谱解析

(1) 说明各主要吸收峰的归属(峰所显示的官能团及振动形式)。
(2) 根据各相关峰的位置确定化合物所含的官能团。
(3) 根据所给分子式推断样品可能的结构式。
(4) 查阅红外标准谱图进行对照,确定样品的结构式。

[思考题]

(1) 分子振动吸收红外辐射能的条件是什么?

(2) 由哪些峰能区分出化合物是饱和烃或不饱和烃？由哪个峰能区分出正构烷烃和异构烷烃？

(3) 为什么氯化钠盐片不能用手触摸，并且一定要在红外灯下操作？

(4) 红外光谱法能否对混合物进行定性分析？为什么？

实验 7-2　固体样品红外光谱的测绘与解析

[实验目的]

(1) 了解在红外光谱测试中固体样品的预处理方法（① 溶解在有机溶剂中；② 石蜡油分散法；③ 溴化钾压片法），并学会溴化钾压片法的操作方法。

(2) 学会红外光谱图的解析方法。

[实验原理]

同实验 7-1。

[仪器与试剂]

(1) Spectrum One 傅里叶变换红外光谱仪，1 台。

(2) 压片机，1 台（附压片模具 1 套）。

(3) 固体样品架，2 个。

(4) 玛瑙研钵、不锈钢调刀，各 1 个。

(5) 高纯度溴化钾粉末（100～200 mg，并经 110～120 ℃烘干），1 瓶。

(6) 待测固体样品，数瓶。

[实验步骤]

1) 样品的制备

(1) 溴化钾与样品的研磨和混合。

用调刀取出 1 mg 左右的样品放在玛瑙研钵中研磨成粉末（大约 200 目以上），再用调刀放入 100～200 mg 溴化钾粉末，继续研磨到混匀为止。

(2) 压片操作。

① 首先仔细地用镜头纸擦净模具全部零件，特别要注意接触粉末的金属模柱面，应用镜头纸小心地擦去吸附在上面的尘埃和药物粉末。

② 按图 7-11 所示，先将模具的底座、下模柱和内模壳装好，且下模柱的光面向上，然后用调刀将磨好且混匀的粉末轻轻地撒在模柱面上，再将上模柱光面向下插入模壳，并轻轻地向下转动，将粉末压平，放好外模壳和压盖。

③ 将装好的模具放在压片机台中央，关上油压机的阀门，加压至 19.6 MPa（200 kg·cm^{-2}）并保持片刻，然后打开油压机阀门使压力降下，取下模具，将上盖、外模壳和底座取下，再将内模壳连同模柱装配好，放到压片机台中央，关上油压机阀门加压（此时压力表不需要有压力指示），观察，待一个模柱和片剂落下即可停止加压，打开油压机阀门，取下模具。

④ 拆去打拨杆、外模壳和上模柱，露出压好的片剂，用镊子取出，放在固体样品架上。片剂最好呈现透明状态，并保存在红外灯下或干燥器中，待测其红外光谱。

2) 红外光谱图的测绘

将压好的片剂连同固体样品架插入样品光路，进行红外光谱扫描。

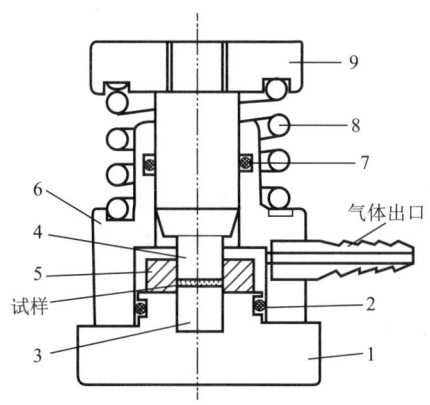

图 7-11 溴化钾压片模具剖面图

1—底座;2,7—橡胶圈;3—下模柱;4—上模柱;5—内模壳;6—外模壳;8—压紧弹簧;9—压盖

[红外谱图解析]

(1) 说明各主要吸收峰的归属,并根据相关峰和分子式初步推断样品的可能结构式。

(2) 从红外标准谱图查阅所测样品的谱图进行对照,确定其结构式。

[附注]

(1) 模柱光面不能用手触摸。

(2) 研磨和装样要在红外灯下进行,以防样品吸水受潮。

(3) 样品不得含水。

[思考题]

(1) 固体样品的预处理方法有哪几种?哪种最好?为什么?

(2) 在红外光谱测定中,为什么要求样品中不能含水?

实验 7-3 固体表面内反射光谱的测定

[实验目的]

(1) 掌握内反射附件的测定方法。

(2) 了解此内反射附件的工作原理。

[实验原理]

内反射附件也叫衰减全反射附件(ATR 附件),其工作原理是将来自红外光源的光聚焦反射到 KRS-5(或 Ge,ZnSe 等)晶体上,再入射到样品的表面。由于样品的折射率小于晶体的折射率,入射角比临界角大,光线完全被反射,产生全反射现象。事实上,光线并不是在样品表面被直接反射回来,而是入射进入样品一定的深度(一般约为几微米)后再返回表面,所以收集衰减全反射光就可以获得样品的衰减全反射光谱。

[仪器与试剂]

(1) 仪器:FT-IR 光谱仪、衰减全反射附件。

(2) 试剂:蔗糖溶液、蒸馏水。

[实验步骤]

(1) 把衰减全反射附件装在样品室架上,测定本底谱图。

(2) 将蒸馏水加满衰减全反射附件的样品槽,测定水的 ATR 谱图。

(3) 把附件的样品槽清洗干净后,用蔗糖溶液加满样品槽,测 ATR 谱图。

[数据处理]

分别对所获得的水和蔗糖溶液的谱图进行 ATR 校正,形成差谱,并打印结果。

[附注]

(1) 加样时要小心,不要在液体中夹带气泡。

(2) 清洗样品槽时,注意不要划伤晶体,应用浸透溶剂的脱脂棉轻轻擦洗。

[思考题]

(1) 衰减全反射附件有什么特点?

(2) 为什么衰减全反射附件可以检测含水的样品?

实验 7-4 高散射粉末样品漫反射光谱的测定

[实验目的]

(1) 掌握漫反射附件的测定方法。

(2) 了解漫反射附件的工作原理。

[实验原理]

将粉末样品分散在无红外吸收的 KBr 介质中,此时物质的晶形取向是随意的。当红外光照射到样品上时,由于物质随意的晶形取向会向各个方向散射入射光。光散向空间各个方向的现象被称为漫反射。产生的漫反射光是因为入射光与样品发生了作用所致,收集漫反射光就可以获得样品的漫反射光谱。

[仪器与试剂]

(1) 仪器:FT-IR 光谱仪、漫反射附件、玛瑙研钵。

(2) 试剂:蔗糖、分析纯 KBr。

[实验步骤]

(1) 将 KBr 粉末装入样品杯内,测定本底谱图。

(2) 取 3 mg 蔗糖放在玛瑙研钵中,加适量的 KBr 混匀后,再增加 KBr 的量,不断混匀直到装满样品杯,测粗颗粒蔗糖的样品谱图。

(3) 取 3 mg 蔗糖放在玛瑙研钵中研磨后,加适量的 KBr 混匀,再增加 KBr 的量,不断混匀直到装满样品杯,测细颗粒蔗糖的样品谱图。

(4) 打印结果,比较两张谱图的差异。

[数据处理]

分别将所获得的粗、细颗粒蔗糖的谱图进行 KM 方程校正,并打印结果。

[附注]

(1) 要保证 KBr 粉末干燥。

(2) 测量时间不要持续过长,以免 KBr 粉末吸水受潮。

[思考题]

(1) 样品颗粒的大小对谱图的测定有何影响?

(2) 压片法与漫反射光谱法的区别是什么(从晶形的改变、样品与 KBr 的反应和水的吸收等方面考虑)?

第8章 原子发射光谱法

8.1 方法原理

原子发射光谱分析是在20世纪30年代得到迅速发展的较早的仪器分析方法,在发现新元素(如Rb,Cs,Ga,In,Tl等)和推进原子结构理论方面做出了重要贡献。近几十年来,由于各种新型光源(如电感耦合等离子体、激光微探针等)、新型检测技术(电荷耦合元件,也可以称为CCD图像传感器)及计算机的应用,实现了光电直读,使发射光谱不仅可用于定性分析,而且在定量分析方面表现出优越性。

原子发射光谱法是先将样品在一个激发光源(具有足够的能量)的作用下变为气态原子或离子,被激发而产生一定波长的光,经过分光系统作用形成光谱,然后对光谱进行检测(谱线波长的鉴别和强度的测量)。

物质是由不同元素的原子组成的,原子具有一个结构紧密的原子核,核外有绕核高速运动的电子,每个电子在一定的能级上运动。在通常情况下,物质中的原子或离子都以能量最低的稳定状态存在,称为基态原子或离子,其能量用 E_0 表示。当原子或离子受外能(热能、电能、化学能、辐射能等)的作用时,核外电子由于吸收能量而跃迁至较高的能级,这时的原子、离子处在激发状态,称为激发态原子或离子,其能量用 E_j 表示。

激发态的原子或离子能量高,不稳定,受到微扰时可在 10^{-8} s 内跃迁回基态或其他较低的能级,从而将多余的能量释放出来。释放出的能量若以一定波长的电磁辐射形式辐射,则形成光谱。辐射波波长的大小取决于电子跃迁前后的能级差 ΔE。

$$\Delta E = E_j - E_0 = h\nu = h\frac{c}{\lambda} \tag{8-1}$$

式中 h——普朗克常数;
ν——辐射波频率;
c——光在真空中的传播速度;
λ——辐射波波长。

由于原子中的电子能级很多,原子中的价电子多数也不止一个,所以原子辐射出的能量分布也会因电子跃迁时的能级差的不同而不同。由于相同的能级差之间的电子跃迁所辐射出的光量子能量相同,波长一致,经色散、聚焦后在同一焦面上形成谱线,所以原子发射光谱是由多条谱线组成的线状光谱。

尽管原子中的电子能级很多,但并不是任意两个能级之间都能产生电子跃迁,也就是说电子跃迁会受到光谱选律的限制。每种元素的原子谱线的条数都是有限的,而且不同元素的原子外层电子构型各有特征。利用此特点,通过识别各种元素的特征光谱线的位置(即波长)可以进行元素的定性分析,通过测量特征光谱线的强度可以进行定量分析。

8.2 发射光谱仪

发射光谱仪主要是由光源、分光系统(光谱仪)、检测系统三大部分组成。根据所用的仪器设备和检测手段的不同,发射光谱法主要分为摄谱法和光电直读光谱法。

1) ИСЛ-22 中型石英摄谱仪和 8W 型光谱投影仪

发射光谱仪根据其检测方法的不同,可分为摄谱仪和光电直读光谱仪。摄谱仪是以感光板为检测器,用照相方式记录光谱。根据仪器所用色散元件的不同,又可分为棱镜摄谱仪和光栅摄谱仪。本节只原理性介绍棱镜摄谱仪。

棱镜摄谱仪由光源装置、准光系统、棱镜色散系统及照相检测系统四部分组成。

光源是提供试样蒸发、原子化、激发所需能量的装置。常用的有直流电弧、交流电弧、火花光源及等离子体光源(如 ICP)等。

准光系统一般采用三透镜照明系统聚焦后,使光源发出的光经狭缝和准光镜变成平行光束透射到棱镜上。鉴于中型摄谱仪多用于紫外及可见光区,所有透镜材料均为石英。

色散系统即棱镜,一般也是由石英玻璃制成的。它可以把光源发出的复合光按其能量或波长的大小分解成按序排列的光谱。根据其色散性能的不同可分为小型摄谱仪(倒线色散率 $2 \sim 10$ nm·mm^{-1})、中型摄谱仪(倒线色散率 $0.8 \sim 2$ nm·mm^{-1})和大型摄谱仪(倒线色散率 $0.1 \sim 0.8$ nm·mm^{-1})。

摄谱仪分开不同波长光的能力称线色散率(Dl),它用焦面上波长相差 dλ 的两条光线与被分开的距离 dl 之比即 dl/dλ 表示。在实际应用中多采用 $1/(Dl) = d\lambda/dl$ (nm·mm^{-1})来表示,称为倒线色散率,其意义是焦面上单位长度(mm)内所容纳的波长(nm)数。

照相检测系统由暗箱物镜和感光板构成,其作用是把经过色散后的单色光束聚焦而形成按波长顺序排列的线状光谱底片,以备检出之用。

[ИСЛ-22 中型石英摄谱仪]

(1) 结构原理。

ИСЛ-22 中型石英摄谱仪的整体结构如图 8-1 所示。

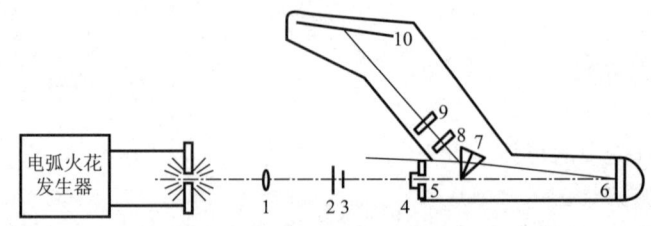

图 8-1 ИСЛ-22 中型石英摄谱仪整体结构示意图

1,3—透镜;2—前置光栏(用以调节光强);4—透镜及透镜前小盖;5—狭缝;
6—准光镜(反射);7—棱镜(色散元件);8,9—暗箱物镜;10—感光板

ИСЛ-22 中型石英摄谱仪的主要部件有电弧火花发生器、电极架和摄谱仪主体。

电弧火花发生器由电子交流稳压器提供稳压(220 V)交流电源后,根据所选光源不同

(该发生器有交流电弧和火花两种光源发生装置,通过选择手柄调节),选择所需挡次。它经过两个变阻器和一个滑线变阻器产生高压加在电极架上安装的两个电极上,从而使电极上的样品激发、发射出样品的光谱。光源发出的光谱经过透镜1和3聚焦在透镜4和狭缝5上,然后由准光镜6反射并变成平行光束照射到棱镜7上,经棱镜色散之后的光经暗箱物镜8和9将不同波长的光按波长顺序聚焦在焦面(感光板)10上而形成线状分布的光谱底片即光谱图(见图8-2)。

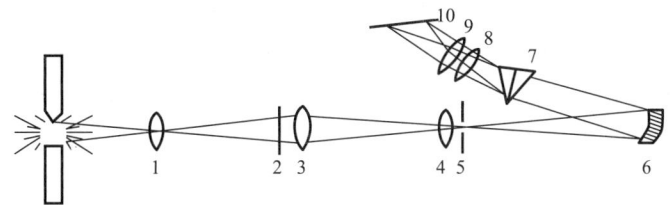

图8-2 光谱分析光路系统示意图

(图注见图8-1)

(2) 使用方法。

① 接通电源,开启稳压交流电源开关,预热,直至电压输出表头指向220 V。

② 检查狭缝宽度是否在适当位置(正常摄谱时,为保证其足够的线分辨率和较大的谱线强度,一般为5~10 μm),前置光栏是否合乎要求,电路系统是否正常。

③ 将光谱纯铁电极用砂纸或钢锉打光,除去表面的金属氧化物(注意:此项操作必须在电源处于关闭状态时进行)。

④ 检查照明系统是否合乎要求。

三个透镜间的距离一般已按照使用说明书调校好,请勿乱动。使用前,先盖好镜头盖,装好铁电极(铁电极表面必须用砂纸打光,否则会因铁锈的导电性能差而不易点燃电弧),开启电弧火花发生器,观察仪器的透镜系统是否在同一条光轴上,光点成像是否在狭缝前小盖上的圆圈内(见图8-3、图8-4),若不在,则需要调节透镜顶部和左、右两边的螺丝,直到光点落入小盖上的圆圈内,且光亮均匀为止。关闭电弧。

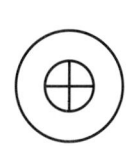

图8-3 狭缝前小盖示意图

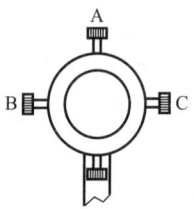

图8-4 透镜

A—上下调节螺丝;B,C—左右调节螺丝

⑤ 在暗室中将干板装入干板暗盒中,再将装好干板的暗盒装到摄谱仪上。

⑥ 调节哈特曼光栏于适当位置。哈特曼光栏示意图如图8-5所示。

⑦ 调节铁电极的位置:调节电极架上的上、下、前、后螺丝,使电极上下对正,且其间约3 mm 的孔隙应恰好处在与透镜同一光轴上。

⑧ 打开暗盒前的挡板。

⑨ 按下电弧火花发生器开关(打开开关前,应根据需要选择好所用光源,并将选择开关

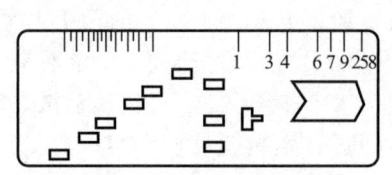

图 8-5 哈特曼光栏示意图

拨至所需位置);用手调节电极架上的上、下、左、右、前、后诸螺丝,使弧光稳定,且成像在狭缝前小盖圈内清晰均匀;调节电弧火花发生器的输出电流于所需强度,待弧焰稳定后打开狭缝前小盖,使干板约曝光 5 s,然后盖上小盖,关闭发生器开关。

⑩ 更换被测样品电极,调节哈特曼光栏,重复上述操作,直至将样品拍摄完毕。

⑪ 关上暗盒挡板,关闭稳压交流电源开关,切断电源,将所摄谱板在暗室进行冲洗处理。

(3) 注意事项。

① 摄谱操作中必须通风抽除燃弧产生的气体,因为金属离子蒸气对人体有害,有碳电极参加燃弧时会产生剧毒的$(CN)_2$。

② 工作时必须戴上墨镜。

③ 拍摄铁光谱时,电流强度不得超过 3 A。

④ 在燃弧过程中,切勿将手伸入电极附近或触摸电极,以防高压伤人。

⑤ 换电极对时,必须先关闭电弧,并且戴保护手套或用镊子夹取,以防灼伤。

(4) 维护和保养。

摄谱仪的光学系统对谱线影响较大,平时应注意维护与保养。

① 所有摄谱仪器及部件均需用仪器罩盖好防尘。

② 仪器透镜必须保持清洁,若发现有灰尘及沾污,切不可用手指擦,也不能用粗糙的纸擦,只能用镜头纸轻拭干净。

③ 狭缝必须保持清洁,不用时要用盖子盖上,切勿用手触摸;关闭时不要完全闭紧,以防磨损刀口。

④ 棱镜是重要的部件,不要打开封盖,当有沾污及灰尘影响其色散性能时,也只能慎重开启,用洗耳球吹之,切勿用手触摸。

⑤ 暗盒取下后,应装上毛玻璃,以防灰尘和潮气进入。

[8W 型光谱投影仪]

(1) 结构原理。

8W 型光谱投影仪用于对摄谱仪所摄下的光谱板进行定性及半定量分析,也可作为一般的投影放大之用。

将底板置于本仪器规定位置,经放大投影后,可得到放大 20 倍后的影像。

本仪器主要由光学系统和机械调节系统组成。光学系统是仪器的主要组成部分,由一系列透镜和聚光镜以及反射镜组成,如图 8-6 所示。光学系统的调节是通过机械调节系统来完成的,如图 8-7 和图 8-8 所示。

(2) 使用方法。

① 接通电源,打开开关及反射镜盖。

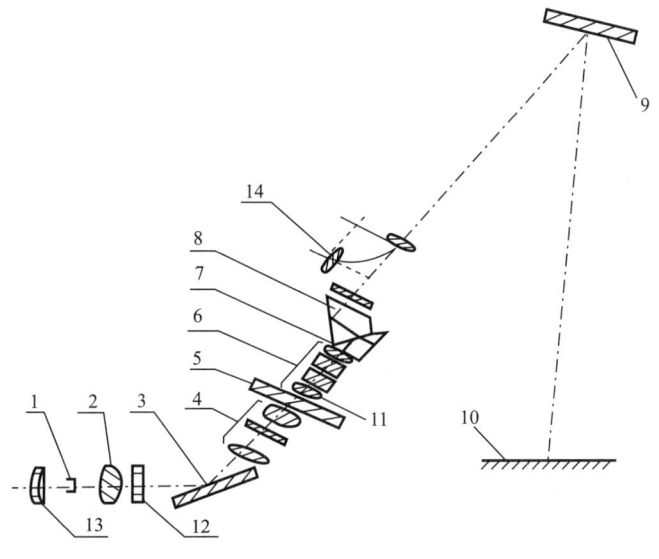

图 8-6　8W 型光谱投影仪光学系统

1—光源(12 V,50 W);2—非球面聚光镜;3—反射镜;4—聚光镜组;
5—光谱底板;6—投影物镜组;7,8—棱镜;9—平面反射镜;10—白色投影板;
11—可上、下移动的透镜;12—隔热玻璃;13—球面反射镜;14—调节透镜(辅助透镜)

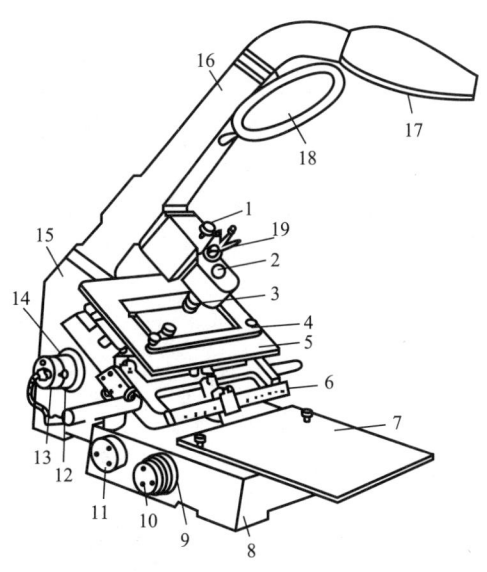

图 8-7　8W 型光谱投影仪

1—手轮;2—透镜;3—投影物镜;4—螺钉;5—工作台;
6—标尺;7—投影板;8—底座;9,10—纵、横向驱动手轮;
11—调焦手轮;12,13—灯丝调节螺丝;14—灯座;15—三角架;
16—立柱;17—反射镜;18—反射镜保护盖;19—辅助透镜

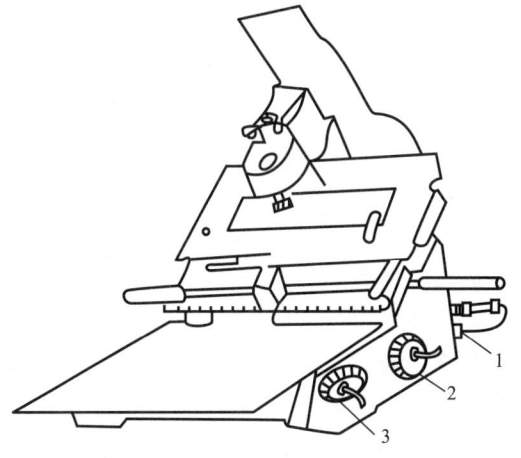

图 8-8　8W 型光谱投影仪外形右侧

1—保险丝;2—左右移动置片台手轮;3—电源开关

② 检查照明灯光。打开辅助透镜，在白色投影板上可显示出灯丝像，观察两个灯丝的像是否清晰并相重合，若不清晰且不重合，则可用灯丝调节螺丝（见图 8-7 中的 12 和 13）调节，直至清晰并使灯丝重合。此步骤可由指导教师完成。

③ 将感光板放在已调好水平的工作台上，使乳剂面向上（短波在右边，长波在左边）。如果谱线不清晰，可用调焦手轮调节，直到清晰易辨为止。然后转动纵、横向驱动手轮使谱板上、下、左、右移动，把所观察的谱线移至白色投影板上。

④ 使用完毕，关上电源开关，盖上反射镜盖。

(3) 维护和保养。

① 仪器应安置在干燥空气流通的房间，防止受潮，以免透镜发霉而影响透光性能。

② 仪器不用时，必须将反射镜盖盖好。

③ 若发现镜面不干净，切勿用手去擦，只能用镜头纸、麂皮或脱脂棉轻轻揩擦或用吸耳球吹去灰尘。

④ 底片未干时不要放在工作台上看谱，以防水珠滴到透镜上或潮气凝结在透镜上而影响其透光性能。

⑤ 一切磨光部分（滑动杆、导轨等）都应经常用卫生纸或软布蘸不黏的防锈油揩擦。

⑥ 本仪器光源为 12 V，50 W 白炽灯，如果发现灯泡损坏或灯泡不亮，应及时更换，更换后应同时进行照明调节。

⑦ 仪器应避免强烈振动或撞击，以防破损或影响投影质量。

2) 光电直读光谱仪

(1) 工作原理。

光电直读光谱仪是使用高能预燃火花光源的多通道光电直读光谱仪器，目前已广泛应用于冶金工业的炉前快速分析及金属材料的质量检测。它可将金属块状样品直接作为放电电极的一极进行激发。图 8-9 是 DV-4 型光电直读光谱仪的光路系统原理图。试样在样品室被激发发光，发射光经入射反射镜进入入射狭缝，再经凹面光栅分光得到含有不同波长谱线的光谱带，用出射狭缝分出所要测量的光谱线，射到光电倍增管上，所产生的光电流经放大后输入计算机，直接给出试样中该元素的浓度。由于采用凹面光栅，出射狭缝排列在半径为 1 m 的焦面上，可同时安装 40~60 个出射狭缝，给出相应条数谱线的发射强度。

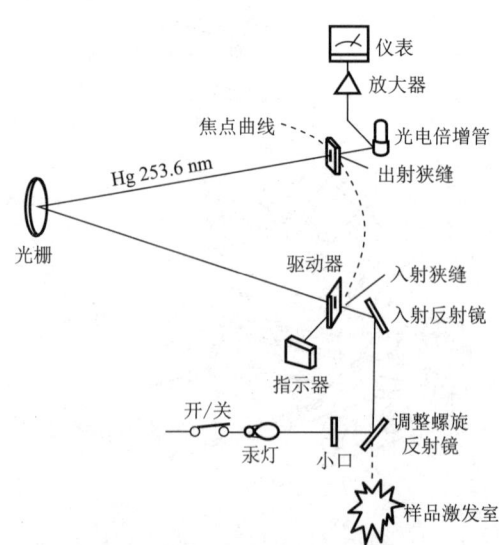

图 8-9　DV-4 型光电直读光谱仪的光路系统原理图

谱线强度和元素含量的关系可直接根据实验曲线用多项式计算。其校正曲线的方程可写成：

$$c = \sum_{i=0}^{n-1} a_i I^i \tag{8-2}$$

式中　c——元素浓度；
　　　n——标准样品个数；
　　　a——相关系数；
　　　I——谱线强度。

一般情况下，方程(8-2)可用二次三项式表示为：
$$c = a_0 + a_1 I + a_2 I^2 \tag{8-3}$$

如果采用 3 个标准样品进行校正，则可得到 3 个方程式：
$$c_1 = a_0 + a_1 I_1 + a_2 I_1^2 \tag{8-4}$$
$$c_2 = a_0 + a_1 I_2 + a_2 I_2^2 \tag{8-5}$$
$$c_3 = a_0 + a_1 I_3 + a_2 I_3^2 \tag{8-6}$$

式中　c_1,c_2,c_3——3 个标准样品的已知浓度；
　　　I_1,I_2,I_3——3 个标准样品测出的发射强度。

将式(8-4)～式(8-6)联立，即可求出系数 a_0,a_1,a_2。将方程式系数存储在计算机中，再将未知样品的元素谱线强度信号 x 输入，即可求出元素的含量。一般计算机可存储不同基体、不同元素的几十条校正曲线。校正因子的标准样品亦可用多个，以求得到更准确的校正曲线系数。

(2) 结构和参数。

光电直读光谱仪由分光系统、光源及辅助系统组成。由于冶金材料经常需要测定 C，P，S 等分析线处于真空紫外部分的元素，故分光系统应置于真空室内，用真空泵获得 10^{-3} Pa 的真空度。氩气用于驱除样品室中的空气，减少空气对远紫外分析谱线的吸收。

光电直读光谱仪的主要参数如下：

① 分光系统焦距：1 m(凹面球镜)。
② 光栅刻线：1 440 条/mm。
③ 闪烁波长：400.0 nm。
④ 波长范围：第一级，346.0～767.0 nm；第二级，173.0～383.5 nm。
⑤ 入射狭缝宽度：25 μm。
⑥ 光电倍增管：R300，R928，R427，R889。
⑦ 激发光源：单向电容放电型火花光源。

3) 顺序等离子体光谱仪

顺序等离子体光谱仪是目前应用较广的 ICP 光谱仪，其工作原理和光电直读光谱仪类似，差别是顺序等离子体光谱仪用 ICP 光源代替火花光源。它主要由高频电源、进样系统、分光系统、测光系统及数据处理与控制系统构成。高频电源频率一般采用 27.12 MHz 或 40.68 MHz，正向功率是 0.8～1.6 kW。在这样参数下产生的等离子体具有灵敏度高、稳定性好、基体效应低等优点。进样系统多采用气动雾化器喷雾进样。分光系统种类繁多，以应用平面光栅组成的切尔尼-特尔那系统较多，也有少数采用艾伯特-法斯特装置或中阶梯光栅系统。测光系统中的接收器件为光电倍增管。数据处理与控制系统采用计算机。图 8-10 是典型的顺序等离子体光谱仪的原理图。图中 1 是光源，其发射光进入狭缝 3，经过反射镜 6 和光栅 4、反射镜 5 和 7 到达光电倍增管 8 上。有 3 个型号的光电倍增管可供选用，即 R300，R427 和 R889 型，可分别用于远紫外光区、可见光区及近红外光区。计算机的作用是控制光栅扫描运动、校正波长值及处理输出信号。

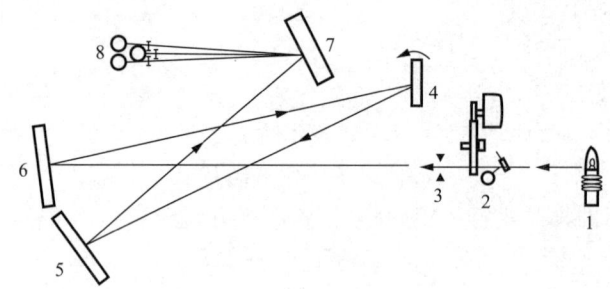

图 8-10 典型的顺序等离子体光谱仪的原理示意图
1—光源；2—汞灯；3—入射狭缝；4—光栅；5,6,7—反射镜；8—光电倍增管

由于 ICP 光源的自吸收比较微弱，校正曲线的直线范围很宽，可以达到几个数量级，因而多数校正曲线是按 $b=1$ 绘制的，即 $I=Ac$，其中，I 为光的强度，A 为系数，c 为浓度。当有显著的光谱背景时，校正曲线可能不通过原点，这时曲线方程为 $I=Ac+D$，其中 D 为直线的截距。

8.3 实验项目

实验 8-1 发射光谱定性分析

[实验目的]

(1) 通过实验学会摄谱仪、光谱投影仪的使用方法。
(2) 掌握光谱定性分析的一般操作程序。
(3) 学会进行物料的定性分析。

[实验原理]

原子发射光谱分析法是将被测试样引入激发光源，当试样接受一定的外能（电能、光能或化学能）后便被蒸发、原子化形成气态的原子或离子，一部分气态的原子或离子的外层电子在外能作用下受激跃迁而处于激发态，激发态的原子或离子很不稳定，在微扰下立即跃迁回较低能态并释放出能量而产生光辐射，该辐射可以通过摄谱仪摄谱而记录在感光板上，称为光谱。各种元素因其原子结构不同，外层电子能量存在差异而产生不同特征的线状光谱，因此可依据每种元素的原子被激发后所能辐射出的特征谱线的波长位置进行定性分析，依据元素特征谱线的强度进行定量分析。

一个元素可产生多条谱线（如铁元素的光谱线可达 5 000 多条），各谱线强度随其跃迁概率不同而不相同。当元素含量降低时，光谱中强度弱的谱线逐渐消失，最后消失的谱线称为最后线，一般也是最灵敏线。在定性分析中，一般只要检出包括最后线在内的 2~5 条灵敏线，如果其强度符合其灵敏度标记所示的强度值，就可以判断元素的存在。部分元素的常用分析灵敏线列于表 8-1。

表 8-1 元素灵敏线表(按波长排列)

元 素	波长/nm	碳电弧中的灵敏度	重叠线	控制线/nm
Cd	228.801 9 Ⅰ	0.001%	As(>0.01%)	326.105 7 Ⅰ 340.365 3 Ⅰ
Be	234.861 0 Ⅰ	<0.000 3%		313.041 6 Ⅱ 313.137 2 Ⅱ
As	234.984 Ⅰ	0.01%~0.03%		280.045 2 Ⅰ
Te	238.576 Ⅰ	0.01%		238.325 Ⅰ
Se	241.351 7 Ⅰ	约 1%	Fe	
B	249.773 3 Ⅰ	0.001%~0.003%	Fe	249.678 8 Ⅰ
Hg	253.651 9 Ⅰ	0.001%~0.003%	Co(>0.1%)	312.566 3 Ⅰ 313.154 6 Ⅰ
P	253.565 Ⅰ	>0.1%	Fe	255.328 Ⅰ 255.493 Ⅰ
Sb	259.806 2 Ⅰ	<0.001%	Fe	287.791 5 Ⅰ
Lu	261.542 Ⅱ	0.001%	Fe	291.139 Ⅱ
Hf	264.140 6 Ⅱ	0.01%	Th(约 0.1%) Fe	277.835 7 Ⅱ 263.871 0 Ⅱ
Ge	265.117 8 Ⅰ 265.157 5 Ⅰ	0.001%	Pb(>1%)	303.906 4 Ⅰ
Pt	265.945 4 Ⅰ	0.001%~0.003%	Rn(>0.3%)	306.471 3 Ⅰ 292.979 4 Ⅰ
Au	267.595 Ⅰ	0.001%	Co,W(约 1%)	242.795 Ⅰ
Ta	268.511 Ⅰ	0.03%	Ti(>1%)	271.467 4 Ⅰ 263.558 3 Ⅰ
Mn	280.106 4 Ⅰ	<0.001%	Zn(>0.1%)	279.481 7 Ⅰ 279.827 1 Ⅰ
Eu	281.395 Ⅱ	0.01%	Y(>10%)	290.667 6 Ⅱ 272.778 0 Ⅱ
Pb	283.306 9	<0.003%		405.782 0 280.200 3 Ⅰ 287.331 6 Ⅰ
Th	283.729 9 Ⅰ	≥0.01%	Zr(≥0.1%) Cl(≥1%)	287.041 3 Ⅱ 284.281 5 Ⅱ
Sn	283.998 9 Ⅰ	≥0.01%	Cr(>0.3%) Mo(3%)	317.501 9 Ⅰ 303.412 1 Ⅰ

续表

元 素	波长/nm	碳电弧中的灵敏度	重叠线	控制线/nm
Mg	285.212 9 Ⅰ	0.000 3%～0.001%	Na(1%) Fe	279.553 Ⅱ 280.269 5 Ⅱ
U	286.567 9	≥0.1%	Zr Nb(>0.3%)	290.693 3 290.827 5 302.220 7
Si	288.157 8 Ⅰ	0.001%		251.612 3 Ⅰ 252.851 6 Ⅰ
Os	290.906 1 Ⅰ	0.03%	Mo(>0.1%) V(>0.1%) Cr(>0.3%)	305.866 Ⅰ
Er	291.035 7	0.03%	GdCl(>0.3%) Zr(0.1%) Sm(>0.3%) Ce(>10%)	280.446 7
Ga	294.367 3 Ⅰ	<0.001%	Ni(>0.1%)	294.417 5 Ⅰ 287.424 4 Ⅰ
W	294.698 1 Ⅰ	0.01%		289.644 6 Ⅰ 289.600 8 Ⅰ
Fe	302.064 0 Ⅰ	0.001%		259.93 Ⅱ 259.957 0 Ⅱ
Gd	303.285 0 Ⅱ 304.305 6 Ⅱ	≥0.03%	Sn,As,Cr,Ce,Th	302.761 2 Ⅱ
In	303.935 6 Ⅰ	0.001%	Ge(>0.01%) Fe	325.609 0 Ⅰ 325.856 4 Ⅰ
Ni	305.081 9	0.001%	V(>0.1%) Co(3%)	341.476 5 Ⅰ
Bi	306.771 6	0.001%	Sn(约10%) Fe	289.797 5 Ⅰ 298.902 9 Ⅰ
Al	308.215 5 Ⅰ 309.271 3 Ⅰ	0.001%～0.000 3%		394.403 2 Ⅰ 396.152 7 Ⅰ
Nb	309.418 3 Ⅱ	0.003%	Al(>0.3%) Cu(>1%)	313.078 6 Ⅱ 292.781 0 Ⅱ 316.340 2 Ⅱ
Mo	317.034 7 Ⅰ 318.398 2 Ⅰ	<0.001% <0.001%	Fe	313.259 4 Ⅰ 318.539 6 Ⅰ 318.340 6 Ⅰ

续表

元 素	波长/nm	碳电弧中的灵敏度	重叠线	控制线/nm
Ce	320.121 4 Ⅱ	0.1%～0.3%	Ti(>3%) Sm(>0.3%)	322.117 1 Ⅱ 306.001 0 Ⅱ
Ir	322.078 0 Ⅰ	0.01%		292.479 2 Ⅰ
Y	324.228 0 Ⅱ	0.003%	Ti(0.01%)	321.668 2 Ⅱ 332.787 5 Ⅱ 320.332 3 Ⅱ 315.961 5 Ⅱ
Cu	324.754 0 Ⅰ	0.000 1%～0.000 3%		327.396 2 Ⅰ
Ag	328.068 3 Ⅰ	0.000 1%～0.000 3%	Mn(>0.03%)	338.289 1 Ⅰ
La	333.748 8 Ⅱ	0.01%	Cu(>0.03%) Fe	433.373 4 Ⅱ 324.512 0 Ⅱ
Zn	334.502 0 Ⅰ	0.01%	Ca(>5%) Mn(>1%)	334.557 2 Ⅰ 328.233 3 Ⅰ 481.053 4 Ⅰ
Ti	334.903 5 Ⅱ	0.001%		337.280 0 Ⅱ 308.802 5 Ⅱ
Sc	335.373 4 Ⅱ	0.001%	W(1%) Zr(约 0.3%) Ti(>0.1%)	336.894 6 Ⅱ 255.235 9 Ⅱ
Zr	339.197 5 Ⅱ	0.001%	N(>0.1%) Fe Th(>0.03%)	343.823 0 Ⅱ 327.304 7 Ⅱ
Pd	342.124 Ⅰ	0.003%		340.458 0 Ⅰ 324.270 3 Ⅰ
Rh	343.489 3 Ⅰ	0.001%	Mo(0.3%)	339.685 1 Ⅰ 332.309 2 Ⅰ
Ru	343.673 7 Ⅰ	0.01%	Ir(约 1%) Ni(≥0.1%)	349.894 21 Ⅰ
Co	345.350 5 Ⅰ	0.003%	Ni(约 0.1%) Cr(>1%)	344.941 1 Ⅰ 242.493 0 Ⅰ
Re	346.054 Ⅰ	<0.001%	Mo,Mn(约 0.05%)	346.472 2 Ⅰ 345.180 8 Ⅰ
Tl	377.572 Ⅰ	0.001%	Ni(≥0.03%)	351.924 Ⅰ 276.787 Ⅰ
Ca	393.366 6 Ⅱ 396.846 8 Ⅱ	0.001%	Fe	422.672 7 Ⅰ 317.933 2 Ⅱ

续表

元　素	波长/nm	碳电弧中的灵敏度	重叠线	控制线/nm
K	404.414 0 Ⅰ 404.720 1 Ⅰ	0.1%～0.3%	Fe	344.672 2 Ⅰ 344.770 1 Ⅰ
Cr	425.434 6 427.480 3	<0.001%		301.476 0 Ⅰ 267.715 9 Ⅱ 284.325 2 Ⅱ
Cs	455.535 5	0.3%	Ba(约 0.01%) Ti(0.1%) Fe	459.317 7 Ⅰ
Sr	460.733 1	0.003%～0.000 3%		407.771 4 Ⅱ 346.445 7 Ⅱ
Ba	493.408 6	0.001%		455.404 2 Ⅱ 233.525 9 Ⅱ
F(CaF)	529.10	约 0.1%		
Na	588.995 3 Ⅰ 589.592 3 Ⅰ	0.01%～0.000 3%		330.232 3 Ⅰ 330.298 8 Ⅰ
Cl(CaCl)	593.40	约 1%		
Li	670.784 4 Ⅰ	0.001%		323.261 Ⅰ 460.286 3 Ⅰ

注：Ⅰ表示原子辐射线；Ⅱ表示一价离子辐射线。

定性分析中常用谱线的强度来粗略估计其含量等级，方法是：在被估计的元素所出现的所有谱线中，找出谱线灵敏度标记最小的谱线级次，按表 8-2 所列出的数值估计该元素的百分含量或含量等级。

表 8-2　元素谱线的灵敏度标记及其相对含量和定性分析结果表示方法

灵敏度标记	对光谱标样而言，谱线出现时的元素百分含量/%	含量等级
1	100～10	主
2～3	10～1	大
4～5	1～0.1	中
6～7	0.1～0.01	小
8～9	0.01～0.001	微
10	<0.001	痕

发射光谱定性分析时，通常是将样品研成粉末装在光谱纯石墨制成的电极孔穴内（常用的几种电极见图 8-11）。在直流电弧光源中，试样的各组成元素原子先蒸发到弧焰中解离为单个原子或离子，并受激发射而发光，经光谱仪分解为光谱而被感光板记录下来，通过使用哈特曼光栏可将铁光谱按照 2,5,8 的次序排列在试样光谱的旁边（见图 8-12）。

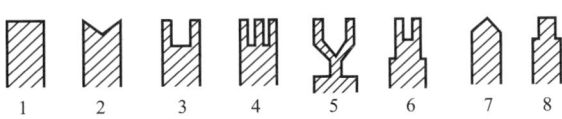

图 8-11　各种形状的电极

1—平头电极；2—锥形槽电极；3—圆孔电极；
4—中间带柱电源；5—杯形电极；6—微型电极；
7—锥形电极(用作上电极)；8—柱形电极(用作上电极)

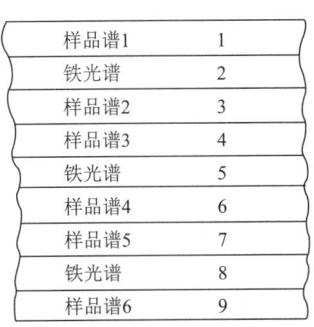

图 8-12　摄得谱图排列顺序示意图

因为铁的光谱含有许多相距很近的谱线,而且从紫外至可见光区都有较均匀的分布,每根谱线的波长都已精确地测定过,故常用它作为测量其他元素谱线或定性对比检出的波长标尺。

记录有谱图的感光板经冲洗晾干后,在光谱投影仪上放大 20 倍,使感光板上的铁光谱与元素光谱图(见图 8-13)上的铁光谱重合,就可以很方便地从元素光谱图上所标记的谱线来辨认所摄得的样品谱线,进而可判断元素的存在与否。根据样品中被分析元素最小灵敏度标记谱线的出现情况可粗略估算其含量等级。

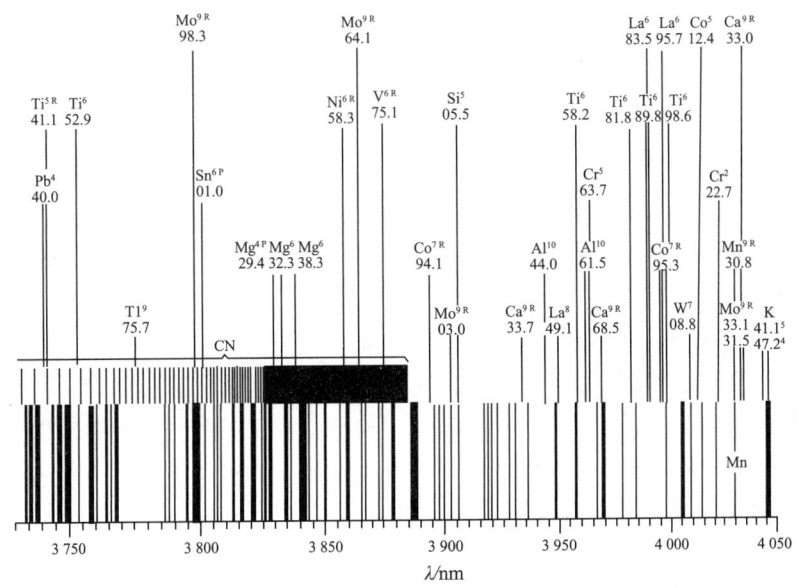

图 8-13　ИСЛ-22 中型石英摄谱仪图谱的一部分

[仪器与试剂]

(1) ИСЛ-22 中型石英摄谱仪,1 台。

(2) ЛС-2 电弧火花发生器,1 台。

(3) 8W 型光谱投影仪,1 台。

(4) 标准光谱图,1 套(21 张)。

(5) 光谱纯石墨电极,1只。

(6) 光谱纯炭粉。

(7) 光谱纯标准铁电极,1只。

(8) 感光板(紫外Ⅱ型),1只。

(9) 秒表,1个。

(10) 试样。

(11) 玛瑙研钵,1套。

[实验步骤]

(1) 试样准备:用玛瑙研钵将样品磨成粉末,若样品中被测元素浓度过大或为不导电的物料,应加1~2倍光谱纯炭粉稀释,以降低被测元素浓度和增加导电性能,并可避免摄谱时试样的喷溅。

(2) 摄谱仪的准备。

① 将摄谱仪所有罩布打开,按要求检查仪器工作状态是否正常。

② 摄谱条件:按表8-3所列要求调节摄谱仪。

表8-3 定性分析要求的摄谱条件

项 目	铁 棒	试 样
狭 缝	5~10 μm	5~10 μm
前置光栏(电极间隙)	3.2 mm	3.2 mm
电流强度	2~3 A	5~10 A
曝光时间	5 s	20 s 至燃完
感光板	紫外Ⅱ型,快板	
显 影	D-11 显影液,20 ℃,4~5 min	
定 影	F-5 定影液,10 min	

(3) 装试样:将试样装入下电极,同时装一份光谱纯炭粉(以备查谱时参考),压紧,每个样品做2~3份,按顺序排列在电极板上,并做好记录。

(4) 安装铁电极:将用作标准的光谱纯铁电极用砂纸或钢锉打光、磨平,按要求安装在电极架上,调节上、下、左、右、前、后螺丝使上、下电极对正,使电极间的缝隙刚好在光轴上。

(5) 装感光板:在暗室内红外灯下进行。将一小块感光板辨清乳剂面后,让乳剂面向下(向着光路的方向)平放盒中。盖好暗盒盖,然后抽出挡板,检查一下放置情况,关好挡板,拿出放至摄谱仪的板盒位置,旋转板盒升降螺丝使刻线位于"4"处。

(6) 调节照明情况:检查调节狭缝宽度为 5 μm,装好上、下电极(若用铁电极则必须打光),调节隙间距 3 mm,对好位置,关好电极箱,打开通风开关,点燃电弧,观察照明,调节电流强度为2~3 A,调节电极架的上、下、左、右螺丝,直到弧焰位于光轴,且电极上下、前后对齐为止。装好上、下测量用的电极,准备正式摄谱。

(7) 摄谱:打开暗盒挡板,准备好秒表,使用哈特曼光栏,按次序摄谱(摄谱次序见表8-4)。

表 8-4 摄谱次序及条件

次 序	板盒位置	哈特曼光栏位置	样品	预燃时间	曝光时间	电流强度
1	4	2,5,8	光谱纯度铁电极	1 s	5 s	3 A
2	4	1	1#样品	1 s	45 s	4~4.5 A
3	4	3	空碳电极	1 s	45 s	4~4.5 A
4	4	4	1#样品	45 s	燃 完	4~4.5 A
5	4	6	2#样品	1 s	45 s	4~4.5 A
6	4	7	空碳电极	1 s	45 s	4~4.5 A
7	4	9	2#样品	45 s	燃 完	4~4.5 A
8			关上挡板,取下板盒,在暗室冲洗感光板			

(8) 冲洗感光板:在暗室内红外灯下进行。取出感光板,将乳剂面向上,放入 D-11 显影液(见表 8-5 或根据干板说明书上的配方配制,按说明进行操作)中,恒温约 20 ℃,显影 4~5 min(可使用秒表计时),取出后迅速用水冲洗 1 min,或先浸入稀醋酸(15 mL 98%醋酸,加水至 1 000 mL)中使其停影后再用水冲洗,然后放入 F-5 定影液(见表 8-6)中,定影约 10 min,最后流水冲洗 10 min,取出晾干或置红外灯下烤干。若需要快速定影,可采用快速定影液,其配方见表 8-7。

表 8-5 D-11 显影液配方

序 号	药品名称	数量
1	水(35~50 ℃)	700 mL
2	米吐尔	1 g
3	无水亚硫酸钠	26 g
4	对苯二酚	5 g
5	无水碳酸钠	20 g
6	溴化钾	1 g
7	水	加至 1 000 mL

注:国产板用这种显影液,20 ℃时显影需要 3~4 min。

表 8-6 F-5 定影液配方

序 号	药品名称	数量
1	水(35~50 ℃)	650 mL
2	海波($Na_2S_2O_3$)	240 g
3	无水亚硫酸钠	15 g
4	冰醋酸(98%)	15 mL
5	硼酸	7.5 g
6	钾明矾	15 g
7	水	加至 1 000 mL

注:使用这种定影液时,定影约需 10 min。

表 8-7　快速定影液配方

序　号	药品名称	数　量
1	海　波	300 g
2	氯化铵	60 g
3	水	加至 1 000 mL

注：使用这种定影液时，定影需 3~5 min。

(9) 辨认谱线估量：使用 8W 型光谱投影仪，调好焦距，对照元素光谱图辨认谱线，记录各元素谱线的波长，确定元素的存在与否，并对存在元素大致估量出含量等级。

本实验要求化学专业的学生能对光谱进行全分析(即检查样品谱中到底含有哪些元素，哪些是主组分，哪些是杂质，它们各自的含量等级如何)。对选修课或专科必修课学生，则要求能对被测物质进行指定分析(即从谱图判定 Cu,Zn,Ca,Mg,Si,B,Ba,Al 等元素是否存在)。不管是光谱全分析还是指定分析，都必须记录判断元素存在的波长、灵敏度标记、是原子线还是离子线。

[数据处理]

如表 8-8 所示，列出查得的未知试样中元素及其光谱的谱线波长和强度，确定未知试样的组分及各组分的含量等级(对指定元素分析不要求确定含量等级)。

表 8-8　数据处理表

元　素	谱线波长	灵敏度标记	含量等级*

注：* 含量等级须按元素的所有谱线中灵敏度标记最小者来确定。

[思考题]

(1) 发射光谱分析是依据什么来进行定性分析的？

(2) 在光谱定性分析中，为什么在一组样品谱中夹拍铁光谱？

(3) 摄谱仪狭缝宽度对光谱定性分析有何影响？应采用多宽的狭缝来摄谱？

(4) 欲确定一个元素的存在与否，至少有几条灵敏线出现？是否某元素存在它的最后线一定出现？

(5) 在定性分析中，拍摄铁光谱时为什么要固定感光板的位置而调节哈特曼光栏？如果拍摄光谱过程中忘记了移动哈特曼光栏，会出现什么后果？

(6) 光谱分析法定性时，如何确定元素的含量等级？

(7) 何谓光谱的全分析？何谓元素的指定分析？

实验 8-2　ICP 光谱法测定饮用水中的总硅

[实验目的]

(1) 学习全谱直读型光谱仪的操作。

(2) 掌握用单元素测定程序测定微量元素。
(3) 学习 ICP 光谱分析线的选择和扣除光谱背景的方法。
(4) 学习获得元素光谱图的方法。

[实验原理]

ICP 光谱光源具有灵敏度高、操作简便及精度高等特点,其中心通道温度高达 4 000～6 000 K,可以使易形成难熔氧化物的元素原子化和激发。本实验所测定的元素硅就属于用火焰光源难测定的元素。

[仪器与试剂]

(1) 仪器:全谱直读型等离子体光谱仪。
(2) 试剂:钢瓶装纯氩气、标准硅储备液(1 mg·mL^{-1})、去离子水、饮用水。

[实验步骤]

(1) 将 1 mg·mL^{-1} 的标准硅储备液稀释成 10 μg·mL^{-1} 的标准溶液(高标准溶液)。稀释时使用二次重蒸去离子水(低标准溶液)。
(2) 启动全谱直读型等离子体光谱仪,点燃等离子体,预燃 20 min。
(3) 设定分析条件:选择 4 条硅谱线,分别是 Si 288.159 nm,Si 251.611 nm,Si 250.690 nm 及 Si 212.412 nm;积分时间为 5 s。拍摄 Si 的谱线图,在谱线两侧选择适宜的扣除背景波长,并读出光谱背景强度。
(4) 用单元素测定程序进行标准化过程:喷雾进样高标准溶液(10 μg·mL^{-1})及低标准溶液(本实验用二次重蒸去离子水),绘制标准曲线,记下截距和斜率。积分时间为 1 s。
(5) 进饮用水试样进行测定,平行测定 5 次,记录测定值及精密度。
(6) 熄灭等离子体,关闭计算机及主机电源。

[数据处理]

(1) 记录下列仪器参数:仪器类型,ICP 发生器功率、频率,等离子体焰炬观测高度,载气、冷却气、辅助气等的流量,试样提升量(进样量),分析线波长,积分时间,扣除背景波长。
(2) 计算 Si 288.159 nm,Si 251.611 nm,Si 250.690 nm 及 Si 212.412 nm 4 条 Si 线的线背比,最后选用谱线强度及线背比均高的 Si 线作为分析线,并记下该线的扣除背景波长。
(3) 绘制标准曲线,求出样品中的硅浓度。
(4) 计算平行测定 5 次的精密度。

[附注]

(1) 为了节约工作氩气,准备工作全部完成后再点燃等离子体。
(2) 应先熄灭等离子体光源再关冷却氩气,否则将烧毁石英炬管。
(3) 硅酸盐离子在酸性溶液中易形成不溶性的硅酸或胶体悬浮于水中。如果出现这种情况,将会堵塞进样系统的雾化器,故用于测定硅的饮用水试样不要酸化及放置时间过长。

[思考题]

(1) 为什么本实验用两点标准化绘制标准曲线?
(2) 本实验为什么不用内标元素?

第9章 原子吸收光谱法

9.1 方法原理

原子吸收分光光度法(Atomic absorption spectrometry)又称原子吸收光谱法,也称原子吸收法。该方法是基于从光源辐射出具有待测元素特征光谱线的光,通过试样原子蒸气时被蒸气中待测元素基态原子所吸收,由特征辐射谱线光强度被减弱的程度来测定试样中待测元素的含量。

在原子吸收分光光度法中,必须将被测元素转变成气态的基态原子蒸气。常用的方法是:将试样溶液雾化成细雾,然后将其引入适当的火焰中去,在火焰热能的作用下将被测元素解离成原子状态,或者利用电热原子化装置使被测元素在高温下解离成原子。

1955年澳大利亚物理学家沃尔什(A. Walsh)通过采用锐线光源-空心阴极灯实现了峰值吸收系数的测量。假设从锐线光源发射强度为 $I_{0\nu}$、频率为 ν 的共振线,当它通过厚度为 L 的被测元素原子蒸气时,其透过光强度 I_ν 服从朗伯-比耳定律,即

$$\lg \frac{I_{0\nu}}{I_\nu} = K_\nu L \tag{9-1}$$

式中 K_ν——基态原子对频率为 ν 的光的吸收系数。

在通常原子吸收分析条件下,若吸收线轮廓仅取决于多普勒变宽 $\Delta\nu_D$,则峰值吸收系数 K_0 与基态原子的浓度 N_0 的关系式为:

$$K_0 = \frac{2\sqrt{\pi \ln 2}}{\Delta\nu_D} \cdot \frac{e^2}{mc} \cdot f \cdot N_0 \tag{9-2}$$

式中 e——电子所带的电荷;
m——电子的质量;
c——光速;
f——振子强度。

在实际测量中,测得的是中心频率 ν_0 处的吸光度 A,即

$$A = \lg \frac{I_{0\nu}}{I_\nu} = 0.4343 K_0 L \tag{9-3}$$

由式(9-2)和式(9-3)可得:

$$A = 0.8686 \frac{\sqrt{\pi \ln 2}}{\Delta\nu_D} \cdot \frac{e^2}{mc} \cdot f \cdot N_0 \cdot L \tag{9-4}$$

在一定的条件下,对特定的待测元素,式(9-4)可写为:

$$A = KN_0L = K'Lc \tag{9-5}$$

式(9-5)就是原子吸收光谱法定量分析的依据。

尽管原子吸收光谱法的选择性和准确度很高,对微量组分测定的相对误差一般在0.1%~0.5%,但干扰问题仍然不能忽视。干扰主要包括光谱干扰、化学干扰和物理干扰三种,要分别采取不同的措施加以抑制和消除。

9.2 原子吸收光谱仪

9.2.1 WYX-401型原子吸收分光光度计

原子吸收分光光度计的基本工作原理是:由光源(即空心阴极灯)发射出的待测元素的共振辐射线通过由原子化器产生的基态原子蒸气时,部分被吸收,部分透过,透过部分的辐射线经单色器分光后,照射到检测器(光电倍增管)上转换为电信号,经放大后由读数装置显示出吸光度,据此可分析样品中被测元素的浓度或含量。

WYX-401型原子吸收分光光度计为单道单光束型仪器,其基本结构如图9-1所示。

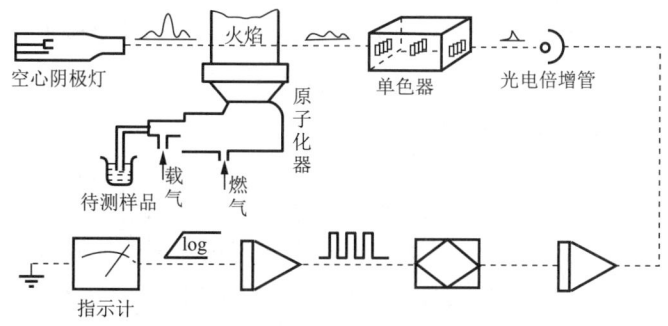

图9-1 单光束型原子吸收分光光度计基本构造示意图

原子吸收分光光度计主要由光源、原子化装置、分光系统及检测显示系统等组成。该仪器所用光源是能够产生待测元素的特征光谱(实际上是辐射被测元素的共振辐射线和其他非吸收谱线)的空心阴极灯,其结构如图9-2所示;原子化装置采用预混合型燃烧器,其结构如图9-3所示;分光系统用光栅作色散元件;检测器是光电倍增管,检测信号经放大后由表头或数字显示装置读取测量数值。

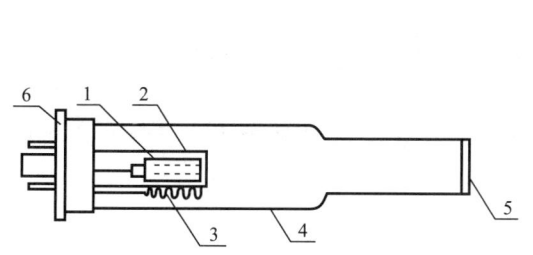

图9-2 空心阴极灯示意图
1—空心阴极;2—阴极玻璃罩;3—阳极;
4—外玻璃罩;5—石英窗;6—底座

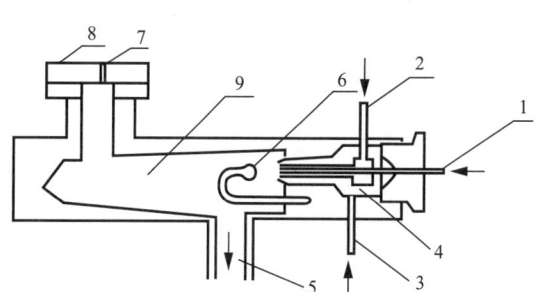

图9-3 预混合型燃烧器示意图
1—进试液毛细管;2—空气管;3—燃气管;
4—雾化器;5—废液管;6—撞击球;
7—燃烧缝;8—喷灯头;9—混合室

9.2.2 AA-6300型原子吸收分光光度计

AA-6300型原子吸收分光光度计的光学系统示意图如图9-4所示。

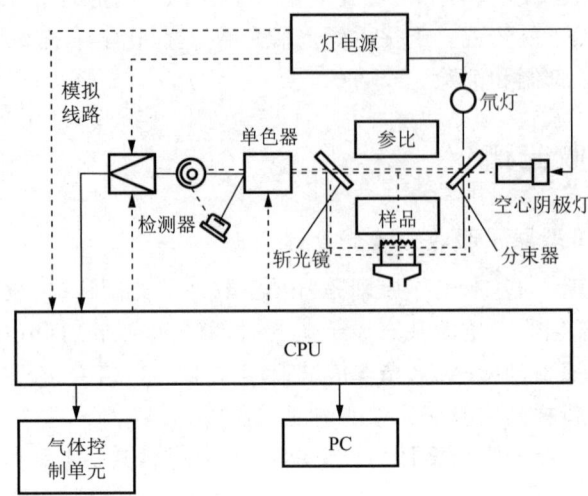

图9-4　AA-6300型原子吸收分光光度计的光学系统示意图

AA-6300型原子吸收分光光度计有两种背景校正方法，即2D法（氘灯法）和SR法（自吸收法），可根据要测定的样品选择合适的背景校正方法。

AA-6300型原子吸收分光光度计的用户只需简单地切换原子化器即可改变测定方式，因此可简单、快速地在火焰测定和石墨炉测定之间进行切换。此外，从手动操作到使用自动进样器的自动连续多元素测定，有多种测定操作方式可供选择。这样，可根据待测样品、元素的数量和性质以及操作者的熟练程度进行权衡，选择适用的测定操作方式。

1）使用方法

原子吸收分光光度计种类繁多，但其具体操作方法基本一致，现总结如下：

（1）按照仪器使用说明书安装好仪器（此步骤已由实验室工作人员完成，学生勿再动仪器）。

（2）安装空心阴极灯：在灯电源开关关闭的情况下安装所需要的空心阴极灯，移动灯座，将灯置于对准光路的位置。

（3）设定所需波长，一般选用最灵敏线。

（4）按规程启动空气压缩机及稳压乙炔发生器。必要时还应检查喷雾质量，调整好喷雾。若使用钢瓶，则旋开阀门，并调节二次压力调节阀，使压力表指针为 $0.8\sim1\ \text{kg}\cdot\text{cm}^{-2}$（即 $0.08\sim0.1$ MPa）。

（5）接好废液管路及废液桶，用空白水喷雾至水封良好，然后用滤纸将燃烧器狭缝口上的残液吸净。

（6）打开通风装置。

（7）按规程点燃火焰，并调至所需火焰状态。

（8）喷入空白水，继续预热燃烧器（此后，在喷完试液的间隙时间内，应喷空白水，喷雾不得有较长时间的中断）。

（9）调节增益旋钮（先粗调，后细调）至表头读数为满刻度（即透光率为100%或吸光度为0)。

(10) 以待测试液喷雾,读取它的吸光度。

测定下一个溶液之前,用水喷雾以清洗原子化器至吸光度读数为零,然后用待测溶液喷雾并读取其吸光度值。

(11) 测量完毕,用蒸馏水喷雾2~5 min,以清洗喷雾器及燃烧器。

(12) 工作结束时,首先熄灭火焰,即先关闭燃气针阀,再关闭燃气气源(关闭乙炔发生器或关闭钢瓶开关),并将燃气放空;待火焰熄灭后,切断空气压缩机电源,稍停片刻后再关闭助燃气针阀。

(13) 降低灯电流至最小,关闭灯电源开关。

(14) 关闭总电源开关。用滤纸吸净燃烧器狭缝口上的水,并用滤纸盖好狭缝口。

(15) 检查并罩好仪器。

2) 注意事项

(1) 禁止在仪器旁边使用明火。离开测量场所前必须关闭气源,熄灭火焰。

(2) 使用氘灯校正背景时,不可长时间用眼看氘灯光,以免其强紫外光损伤眼睛。

9.2.3 石墨炉结构及操作步骤

石墨炉原子化装置结构如图9-5所示,外气路中氩气(Ar)沿石墨管外壁流动,冷却保护石墨管;内气路中氩气由管两端流向管中心,从中心孔流出,用来保护原子不被氧化,同时排出干燥和灰化过程中产生的蒸汽。

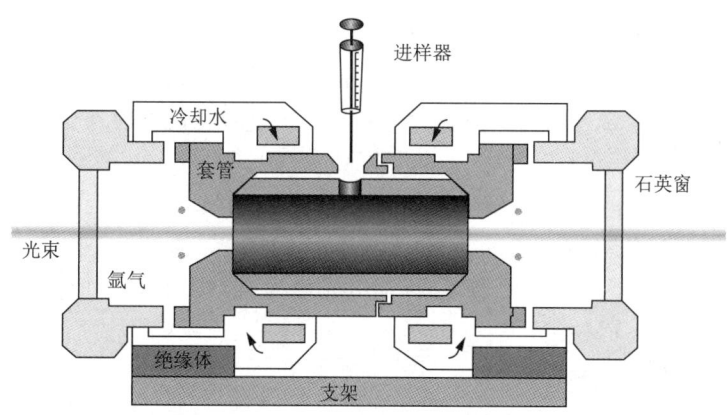

图9-5 石墨炉结构示意图

AA-6300型石墨炉原子化装置操作步骤如下:

(1) 打开主机、自动进样器、石墨炉开关,打开循环水、氩气(0.35 MPa)。

(2) 打开软件进行连接。

(3) 自检完成后,点击WIZARD,选择元素,选择石墨炉、普通灯(若有SR灯,可选SR灯)。

(4) 编辑参数:设置点灯方式,点灯,做谱线搜索,完成搜索后设置测定参数、工作曲线参数、重复测定条件,设置完成后点击"确定"按钮。

(5) 设置标准样品的个数、浓度及其位置。

(6) 将编辑中的插入行功能改为BLK,并设置BLK的位置。

(7) 自动进样器进样。

(8) 打开石墨炉上的大电流开关。

(9) 点击"试验测定",观察测得的数值,如果偏大,则选择仪器中的"清烧"选项,清烧完毕后再点击"试验测定",直至数值小于 0.00X(有时候可能会大一些)。

(10) 点击"开始"按钮。

(11) 完成后保存文件,关氩气,设定低温(30 ℃)单步的石墨炉程序,将管中残余的氩气释放,然后关石墨炉上的大电流开关,关循环水,关软件,关自动进样器,关石墨炉,最后关闭主机。

9.3 实验项目

实验 9-1 原子吸收分析的灵敏度和检测极限的测定

[实验目的]

(1) 通过实验进一步理解原子吸收分析的灵敏度及检测极限的定义。

(2) 掌握测量 1% 吸收灵敏度及检测极限的操作步骤。

[实验原理]

1) 1% 吸收灵敏度

在光谱分析中,灵敏度 S 被定义为:

$$S = dX/dc$$

可见,灵敏度 S 的物理意义是浓度 c 的变化(dc)引起测量值 X 的改变程度(dX)。显然,灵敏度 S 是分析工作曲线的斜率,且斜率越大,灵敏度越高。实验研究表明,当工作曲线呈非线性时,灵敏度 S 是元素浓度 c 的函数。只有在元素浓度较低的线性范围内,灵敏度 S 才为常数。

在原子吸收分析中,一般要采用低浓度时工作曲线的斜率来评定元素测定的灵敏度。具体做法是采用 1% 吸收灵敏度表示。

1% 吸收灵敏度定义为能产生 1% 吸收(即吸光度为 0.004 4)信号时所对应的待测元素的浓度,用 $(\mu g \cdot mL)^{-1}/1\%$ 表示。

1% 吸收灵敏度 S 的计算公式为:

$$S = c \times 0.004\,4/A \ [(\mu g \cdot mL^{-1})/1\%] \tag{9-6}$$

式中 c——待测元素的浓度;

A——待测元素的吸光度。

2) 检测极限

检测极限亦称波动灵敏度,其含义是在给定条件下能被合理检测出的极限浓度。根据 1975 年 IUPAC 通过的规定,检出极限浓度 c_L 的定义是吸光度信号等于 3 倍噪声电平 σ 时所对应的元素浓度,即

$$c_L = c \times 3\sigma/A \ (\mu g \cdot mL^{-1}) \tag{9-7}$$

式中 c——试验溶液浓度,一般为 c_L 的 2~5 倍;

A——试验溶液 10 次(或 20 次)测定的平均吸光度;

σ——噪声电平(标准偏差)。

噪声电平用空白水溶液进行不少于 10 次的吸光度测定所求得的标准偏差 σ 来表示,即

$$\sigma = \sqrt{\frac{\sum (A_i - \overline{A}_0)^2}{n-1}} \quad (i=1,2,\cdots,n) \tag{9-8}$$

式中　　n——测量次数,通常 $n \geqslant 10$;

　　　　A_i——空白水溶液第 i 次测定的吸光度;

　　　　$\overline{A}_0$——空白水溶液吸光度的 n 次测定的平均值。

根据误差理论,标准偏差 σ 与算术平均偏差 δ 的关系为 $\sigma = 1.2533\delta$,其中:

$$\delta = \frac{\sum |A_i - \overline{A}_0|}{n} \tag{9-9}$$

利用这一关系可大大简化计算标准偏差的过程。

[仪器与试剂]

(1) WYX-401 型原子吸收分光光度计或 AA-6300 型原子吸收分光光度计,附铜空心阴极灯,1 台。

(2) 乙炔:钢瓶供给。

(3) 空气:空气压缩机供给。

(4) 1 mL 吸量管,1 支。

(5) 100 mL 容量瓶,1 只。

(6) 100 mg·L^{-1} 铜标准溶液。

(7) 5%(体积分数)HCl 溶液。

[实验步骤]

(1) 按操作规程预热 30 min 后,调好仪器。

(2) 铜的 1% 吸收灵敏度的测定:移取 0.50 mL 100 mg·L^{-1} 的铜标准溶液于 100 mL 容量瓶中,定容,摇匀,在最佳仪器条件下测此溶液的吸光度。

(3) 铜的检测极限的测定:将标尺扩展旋钮调至 10,在 15 min 内对空白水溶液及铜标准溶液相间进行 10 次测定,并记录吸光度值。

[数据处理]

(1) 求出铜的 1% 吸收灵敏度。

(2) 求出铜的检测极限。

[思考题]

(1) "测定下限"与"检测极限"是一回事吗?

(2) 测定铜的 1% 吸收灵敏度和检测极限时,为什么要强调在最佳仪器条件下进行?

实验 9-2　原子吸收光谱法测定水中的钙

[实验目的]

(1) 加深对原子吸收光谱法的原理的理解。

(2) 了解原子吸收分光光度计的结构、性能,学会正确使用原子吸收分光光度计。

(3) 掌握用标准曲线法和标准加入法测定未知样品的方法和步骤。

[实验原理]

原子吸收光谱法是借助原子吸收分光光度计,将含待测元素的溶液吸入雾化燃烧器中,在高温下进行原子化,使试样中的待测元素解离为气态基态原子。当锐线光源(空心阴极灯)发射出含被测元素特征波长的光辐射,穿过原子化器中一定厚度的原子蒸气时,光的一部分被原子蒸气中待测元素的基态原子所吸收。透过的光辐射经单色器将非特征波长的辐射线分离掉,减弱后的特征辐射被检测系统检测。

根据朗伯-比耳定律,吸光度的大小与原子化器中待测元素基态原子的浓度呈正比,采用标准曲线法或标准加入法等测量方法即可求得待测元素的含量。

1) 标准曲线法

先配制一系列已知浓度的待测元素标准溶液,分别测量各溶液的吸光度,绘出吸光度对待测元素浓度的关系曲线(标准曲线)。然后在相同条件下测出试样溶液的吸光度,即可从标准曲线上查出试样溶液中待测离子的浓度。

当试样组成复杂,基体干扰比较严重,或待测元素含量较低时,标准曲线法会产生较大的误差,须采用标准加入法进行测定。

2) 标准加入法

在数份等量的试液中依次加入不同量的待测元素的标准溶液并稀释到相同体积,各溶液的浓度从小到大分别为:$c_x, c_x+c_0, c_x+2c_0, c_x+3c_0, \cdots$(其中 c_x 为待测样品稀释后的浓度;$c_0, 2c_0, 3c_0, \cdots$ 为在 c_x 基础上外加的待测元素的浓度,c_0 最好与 c_x 接近)。在固定条件下依次测定各溶液的吸光度。以加入的待测元素的浓度为横坐标,以吸光度为纵坐标,绘制吸光度-浓度曲线。该曲线外延与横坐标的交点所标出的浓度为 c_{x0}(见图 9-6),即所需要测定试样中该元素的浓度。

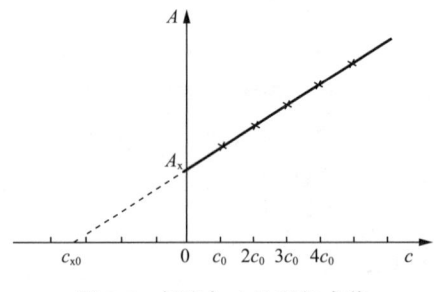

图 9-6 标准加入法图解求值

用原子吸收光谱法测定水中的钙时,若溶液 pH>7,会使钙的测定结果偏低,因此在标准溶液及试样中都要先加入一定量的 HCl 调节酸度。

另外,磷酸盐、硫酸盐和铝、硅的存在会对钙的测定产生化学干扰,须添加镧溶液进行抑制。

[仪器与试剂]

(1) WYX-401 型原子吸收分光光度计或 AA-6300 型原子吸收分光光度计,附钙空心阴极灯,1 台。

(2) 乙炔:由钢瓶供给。

(3) 空气:由空气压缩机供给。

(4) 50 mL 容量瓶,12 只。

(5) 1 mL,2 mL 吸量管,各 1 支。

(6) 5 mL 移液管,2 支。

(7) 钙标准溶液:称取 105～110 ℃烘干的 CaCO₃ 2.497 0 g(优级纯)于烧杯中,加水润湿,用 1∶5 HCl 溶解后,加热赶尽 CO_2,然后转移至 1 000 mL 容量瓶中定容,摇匀,即得 1 000 mg·L⁻¹ 钙标准溶液。

(8) 镧溶液:称取固体 La_2O_3 12 g 于烧杯中,加水润湿,用 1∶1 HCl 溶解,稀释至 1 000 mL,即得 10 g·L⁻¹ 镧溶液。

(9) 5%(体积分数)HCl 溶液。

(10) 含钙水样。

[实验步骤]

1) 系列标准溶液的配制

分别取 1 000 mg·L⁻¹ 的钙标准溶液 0.25,0.50,0.75,1.00,1.25 mL 于 5 只 50 mL 容量瓶中,各加入 5% HCl 1.00 mL 和 10 g·L⁻¹ 镧溶液 5.00 mL,用去离子水定容,摇匀。所配标准溶液钙含量分别为 5.0,10.0,15.0,20.0,25.0 mg·L⁻¹。

2) 未知试样溶液的配制

取含钙水样 5.00 mL 于 50 mL 容量瓶中,加入 5%HCl 1.00 mL 和 10 g·L⁻¹ 镧溶液 5.00 mL,用去离子水稀释刻度,摇匀。

3) 标准加入法工作溶液的配制

取 5 只 50 mL 容量瓶,各加入待测水样 5.00 mL,再依次加入 1 000 mg·L⁻¹ 钙标准溶液 0.00,0.25,0.50,0.75,1.00 mL,然后各加入 5% HCl 1.00 mL 和 10 g·L⁻¹ 镧溶液 5.00 mL,用去离子水定容,摇匀。

4) 吸光度的测量

(1) 打开原子吸收分光光度计的总电源开关及阴极灯电源开关,调好灯电流(3 mA),预热 15～30 min。

(2) 调整灯参数,将波长调至 422.7 nm,单色器通带为 0.21 nm(狭缝为 0.1 mm),燃烧器角度为 0°;调节灯位及波长旋钮,使表头指示达最大。

(3) 点燃火焰,调整乙炔流量为 1 L·min⁻¹,空气流量为 4～5 L·min⁻¹。喷入去离子水,使表头指示 $A=0(T=100\%)$。

(4) 吸光度的测量:仪器状态参数调好、固定后,在相同条件下测量所配各溶液的吸光度(两个试样溶液之间必须用去离子水喷洗原子化器至吸光度为零)。

(5) 仪器的关闭:用去离子水喷洗原子化器后,切断乙炔瓶气源,待火熄灭后再关空气压缩机电源,然后依次关高压开关及灯电源,最后关总电源。用滤纸吸干燃烧器上的水,并用滤纸盖好狭缝,然后将各旋钮回零。

[数据处理]

(1) 以钙系列标准溶液的吸光度对其浓度作图,绘制 $A\text{-}c$ 标准曲线,根据含钙水样的吸光度求出原水样中钙的浓度。

(2) 绘制标准加入法的 $A\text{-}c$ 工作曲线,外推求出含钙水样中钙的浓度。

(3) 比较以上两种方法所得结果。

[附注]

(1) 开、关电源之前,必须先将"状态开关"置于"T"挡。

(2) 废液瓶必须水封。

(3) 点火前要先开助燃气(空气),后开燃气(乙炔)。熄火时,要先关燃气,后关助燃气。注意:后开燃气,先关燃气!

(4) 乙炔管道系统禁止使用紫铜材料,以防爆炸。乙炔瓶压力低于 0.5 MPa(5 kg·cm^{-2})时,应更换钢瓶。

[思考题]

(1) 标准加入法与标准曲线法相比有何优点?使用标准加入法时应注意些什么?

(2) 燃烧器角度对测定结果有什么影响?

(3) 为什么必须在"状态选择"旋钮指向"T"时调吸光度满刻度?

(4) 为什么空气、乙炔流量会影响吸光度的大小?

(5) 测定时,在试样溶液中加入大量镧的作用是什么?

实验 9-3 火焰原子吸收光谱法测定钙时磷酸根的干扰和消除

[实验目的]

(1) 进一步熟悉原子吸收光谱仪的使用。

(2) 了解火焰原子吸收光谱法中的化学干扰及其消除方法。

[实验原理]

火焰原子吸收光谱法测定钙时,溶液中存在的磷酸根与钙形成热力学更稳定的磷酸钙。在空气-乙炔火焰中磷酸钙不能完全解离,随磷酸根浓度的升高,钙由于无法原子化而导致其吸收下降。为了消除这种化学干扰,可以添加高浓度的锶盐。锶盐会优先与磷酸根反应,释放待测钙元素,从而消除干扰。

[仪器与试剂]

(1) AA-6300 型原子吸收分光光度计,1 台。

(2) 容量瓶:50 mL 10 只,100 mL 1 只,500 mL 1 只,1 L 3 只。

(3) 吸量管:5 mL 4 支,10 mL 2 支。

(4) 烧杯:25 mL 4 只,300 mL 1 只。

(5) 1∶1 盐酸,0.3 mol·L^{-1} 盐酸,1% 盐酸。

(6) 标准钙储备液(1 000 μg·mL^{-1}):称取 105~110 ℃ 干燥至恒重的碳酸钙(CaCO$_3$)约 2.497 2 g(精确到 0.000 2 g)置于 300 mL 烧杯中,加水 20 mL,滴加 1∶1 盐酸至完全溶解,再加去离子水 10 mL,煮沸除去二氧化碳,冷却后移入 1 L 容量瓶中,用去离子水稀释至刻度,摇匀备用。此溶液质量浓度为 1 mg·mL^{-1}(以 Ca 计)。

(7) PO$_4^{3-}$ 储备液(1 000 μg·mL^{-1}):称取 1.433 g 磷酸二氢钾(KH$_2$PO$_4$)溶于少量去离子水中,然后移入 1 L 容量瓶中,用去离子水稀释至刻度,摇匀备用。此溶液质量浓度为 1 mg·mL^{-1}(以 PO$_4^{3-}$ 计)。

(8) Sr 储备液(1 000 μg·mL^{-1}):称取二氯化锶(SrCl$_2$·6H$_2$O) 3.04 g 溶于 0.3 mol·L^{-1} 盐酸中,然后移入 1 L 容量瓶中,用 0.3 mol·L^{-1} 盐酸稀释至刻度,摇匀备用。此溶液质量

浓度为 1 mg·mL^{-1}(以 Sr 计)。

[实验步骤]

1) 配制溶液

(1) 1%(体积分数)HCl 溶液：移取分析纯盐酸 5 mL 置于 500 mL 容量瓶中，用去离子水稀释至刻度，摇匀备用。

(2) 取标准钙储备液(1 000 μg·mL^{-1}) 10 mL 移入 100 mL 容量瓶中，用去离子水稀释至刻度，摇匀备用。此溶液钙含量为 100 μg·mL^{-1}。

2) 测定干扰曲线

在 5 只 50 mL 容量瓶中移取 2.5 mL 配制好的标准钙储备液(100 μg·mL^{-1})和不同量的 KH_2PO_4 溶液，用 1%(体积分数) HCl 溶液稀释至刻度，稀释后的 Ca 质量浓度均为 5 μg·mL^{-1}，PO_4^{3-} 质量浓度分别为 0,2,4,6,8 μg·mL^{-1}。

3) 打开仪器并设定好仪器条件

(1) 火焰：乙炔-空气。

(2) 乙炔流量：65 L·h^{-1}。

(3) 空气流量：215 L·h^{-1}。

(4) 空心阴极灯电流：4 mA。

(5) 狭缝宽度：1.2 nm。

(6) 燃烧器高度：6 mm。

(7) 吸收线波长：422.7 nm。

待仪器稳定后，用空白溶剂进行调零，将配制好的溶液依次进行测试并读出吸光度值。

4) 消除干扰

另取 5 只 50 mL 容量瓶，配制 Sr 对 PO_4^{3-} 消除干扰的试样溶液，Ca 质量浓度均仍为 5 μg·mL^{-1}，PO_4^{3-} 质量浓度分别为 0,10,10,10,10 μg·mL^{-1}，Sr 质量浓度分别为 0,25,50,75,100 μg·mL^{-1}，并用 1%(体积分数) HCl 溶液稀释至刻度。

用空白溶剂进行仪器调零，将配制好的溶液依次进行测试，读出吸光度值。

[数据处理]

(1) 根据所测吸光度值和溶液浓度绘制 PO_4^{3-} 对 Ca 的干扰曲线。

(2) 根据所测吸光度值和溶液浓度绘制 Sr 消除干扰的曲线。

[附注]

正确与安全使用乙炔气及乙炔气钢瓶。

[思考题]

(1) 在本实验中如果不采用加入锶的方法消除干扰，还可以采用何种方法消除干扰？为什么？

(2) 在火焰原子吸收法中为什么要用待测元素的空心阴极灯作为光源？可否用氘灯或钨灯代替？为什么？

(3) 分别对所绘制的 PO_4^{3-} 对 Ca 的干扰曲线和 Sr 消除干扰的曲线进行讨论。

实验 9-4　无火焰原子吸收光谱法测定人体指甲中的铜及其最佳条件的选择

[实验目的]
(1) 熟练使用原子吸收光谱仪。
(2) 了解石墨炉原子化器的基本构造。
(3) 掌握无火焰原子吸收的原理、特点、分析方法和基础实验技术。

[实验原理]
石墨炉原子吸收是最灵敏的分析方法之一,绝对灵敏度可高达 $10^{-10} \sim 10^{-14}$,相对灵敏度达 $ng \cdot mL^{-1}$ 量级。样品可以直接在原子化器中进行处理,样品用量少,每次进样量为 $5 \sim 100~\mu L$。人体指甲中铜的含量很少,采用无火焰原子吸收光谱法分析可以满足要求。

一个样品的分析需经过 4 个过程。第一步是干燥,这个过程升温较慢,其目的是将样品中的溶剂蒸发掉。第二步是灰化,这一过程升温也比较缓慢,其主要目的是使基体灰化完全,否则在原子化阶段未完全灰化的基体可能产生较强的背景或分子吸收。第三步是原子化,这一过程要求升温速率很快,这样可使自由原子数目最多。第四步是除残,其温度一般比原子化温度略高一些,以除去石墨管中的杂质元素及"记忆效应"。在这 4 个过程完成后,接通冷却水开关,使石墨管冷却至室温,便可以进行下一个样品的分析。

石墨炉原子化的 4 个阶段对分析结果影响很大。

(1) 干燥阶段:液体样品注入石墨炉后,应在略低于溶剂沸点的温度下烘干。若干燥温度过低或时间过短,则不能达到干燥目的;若干燥温度过高,则会引起样品暴沸,造成损失。

(2) 灰化阶段:干燥阶段结束后进入灰化阶段,炉温升高使样品中的基体或某些杂质灰化,可以有效减少干扰。若灰化温度过低或时间过短,则基体杂质不易除去;若灰化温度过高或时间过长,则可能损失待测元素。

(3) 原子化阶段:灰化阶段结束后,石墨炉温度迅速升高到 $2\,000 \sim 3\,000~℃$,使待测元素原子化。这一阶段的温度和时间直接影响分析结果。若温度过低或时间过短,则不能有效原子化;若温度过高或时间过长,则会使石墨管消耗严重。

(4) 除残阶段:除残温度应高于原子化温度。除残的目的是为了消除残留物产生的"记忆效应"。

综合以上原因,要对多个因素进行条件选择。

[仪器与试剂]
(1) AA-6300 型原子吸收分光光度计,附石墨炉,1 台。
(2) 容量瓶:50 mL 5 只,1 L 1 只。
(3) 吸量管:1 mL 1 支。
(4) 烧杯:25 mL 2 只,400 mL 1 只。
(5) 量筒:10 mL 1 个。
(6) 标准铜储备液($1\,000~\mu g \cdot mL^{-1}$):称取约 1 g 金属铜(准确至 0.000 2 g)置于 400 mL 烧杯中,加入 20 mL 1∶1 的硝酸溶液,在沙浴上加热蒸至接近干燥,然后加入 10 mL 浓硫酸,小心蒸至冒 SO_3 白烟,冷却后加入去离子水使全部盐类溶解,再次冷却,移入 1 L 容量瓶中,用去离子水稀释至刻度,摇匀并计算溶液中铜的浓度。

[实验步骤]

1) 标准溶液的配制

配制铜含量为 100 ng·mL^{-1} 的标样,溶剂使用 1%(体积分数)HNO$_3$,作为条件测试使用。

配制 1%(体积分数)HNO$_3$ 溶液:移取分析纯硝酸 5 mL 置于 500 mL 容量瓶中,用去离子水稀释至刻度,摇匀备用。

2) 最佳测定条件的选择

打开仪器并设定好仪器条件。

(1) 灯电流:3 mA。

(2) 狭缝宽度:0.8 nm。

(3) 进样量:20 μL。

(4) 载气流量:最大流量。

(5) 吸收线波长:324.8 nm。

根据以下参考条件,分别设计几个单因素实验,选择各最佳条件。

(1) 干燥温度:80~120 ℃;干燥时间:20~60 s。

(2) 灰化温度:600~1 300 ℃;灰化时间:10 s。

(3) 原子化温度:1 900 ℃;原子化时间:4 s。

(4) 除残温度:2 300 ℃;除残时间:4 s。

干燥温度和干燥时间的选择:干燥温度应根据溶剂或液态试样组分的沸点进行选择。一般选择的温度应略低于溶剂的沸点。干燥时间主要取决于进样量,一般进样量为 20 μL 时,干燥时间大约为 20 s。条件选择是否得当可以用蒸馏水或者空白溶液进行检查。

灰化温度和灰化时间的选择:在确定灰化温度和灰化时间时,要充分考虑两个方面的因素:一方面,在保证被测元素没有损失的前提下,应尽可能使用较高的灰化温度,以便尽可能完全地去除干扰;另一方面,较低的灰化温度和较短的灰化时间有利于减少待测元素的损失。灰化温度和灰化时间应根据实验,绘制灰化曲线来确定。

在初步选定的干燥温度和干燥时间条件下,取 25 μL 铜标准溶液,先在 200 ℃ 灰化 30 s 或更长时间,然后根据初步固定的原子化温度和时间进行原子化。

选择给出最小的背景吸收信号的温度作为最低灰化温度。在选定的最低灰化温度下,连续递减灰化时间,观察背景吸收信号,确定最短灰化时间。在选择好灰化时间的情况下,每间隔 100 ℃ 依次递增灰化温度,根据不同灰化温度与对应原子化信号作灰化曲线,选择直线部分所对应的最高温度作为最高灰化温度。

原子化温度和原子化时间的选择:原则上是选用达到最大吸收信号的最低温度作为原子化温度,原子化时间应以保证完全原子化为准。最佳的原子化温度和时间由原子化曲线确定。

取 20 μL 标准铜储备液,根据上述初步确定的干燥、灰化温度和时间的条件进行干燥和灰化,并选择 2 200 ℃ 为原子化温度,时间为 10 s,观测原子化信号回到基线的时间,作为原子化时间。

选择高于灰化温度 200 ℃ 的温度作为原子化温度,测量吸收信号,然后每间隔 100 ℃ 依次增加原子化温度。以原子化温度对吸光度信号进行绘图,绘制原子化曲线,将能给出的最大吸收信号的最低温度选为最佳的原子化温度。

3) 标准溶液的制备

把 1 000 $\mu g \cdot mL^{-1}$ 的标准铜储备液逐次地用 1%(体积分数)HNO_3 稀释,制备 0.02,0.04,0.1,0.2 $\mu g \cdot mL^{-1}$ 的标准溶液系列。

4) 试样的制备

剪取的指甲试样先用去离子水洗净,准确称取 20~30 mg 样品,加入 6 mL 15%(体积分数)四甲基氢氧化铵(TMAH),于 60~70 ℃加热,溶解后用水稀释至 10 mL,以备测定。

5) 试样的测定

用移液器分别取 20 μL 标准系列溶液并注入石墨炉中,测定吸光度值,并绘制标准工作曲线。

用移液器取 20 μL 指甲试样并投入石墨炉中,测定吸光度值。

[数据处理]

根据测定结果计算样品含量。

[附注]

(1) 在无火焰原子吸收光谱法进行样品测定时,液体进样采用的是微量可调移液器。在使用时应注意根据不同的样品和不同的样品体系及时更换枪头,以免交叉污染。

(2) 在用移液器进样时,注意要快速一次性地将移液器中的液体注入石墨管中,以免枪头中有样品残留。

[思考题]

(1) 石墨炉原子化法测定过程中,哪些条件对分析结果影响最大?为什么?

(2) 试比较火焰和无火焰原子吸收光谱法的优缺点。

第 10 章 分子荧光光谱法

10.1 方法原理

当用光照射荧光物质分子时,物质分子的部分电子由基态跃迁到第一激发单重态,然后通过无辐射跃迁回到最低电子激发单重态的最低振动能级,从该能级再向基态的不同振动能级跃迁,产生荧光光谱。分子荧光光谱法是根据荧光强度进行定量分析,根据荧光光谱的波长及形状进行定性分析。荧光的产生在 $10^{-6} \sim 10^{-9}$ s 内完成,分子荧光光谱的波长范围一般在紫外及可见光区。

荧光物质吸收紫外及可见光后可发射荧光,因此选择合适的激发光波长很关键。欲实现这一点,必须通过激发光谱来确定。绘制激发光谱曲线的方法是:连续改变激发光波长,测定荧光强度随激发光波长变化的关系曲线,即为激发光谱。通常选用激发光谱曲线的最大波长作为荧光光谱的测定波长。在此波长下,测定所发生的荧光强度与波长的关系曲线称为荧光光谱(或荧光发射光谱)。

溶液的荧光强度 F 和该溶液的吸光程度 $A(A=\varepsilon cL)$ 及溶液中荧光物质的荧光效率 Φ 有关,其关系式为:

$$F = kI_0 \varepsilon cL = \Phi I_0 cL \tag{10-1}$$

式中 Φ——荧光效率,$\Phi=k\varepsilon$;
 I_0——入射光强度;
 ε——荧光分子的摩尔吸收系数;
 k——相关系数;
 L——液槽厚度;
 c——待测溶液中荧光物质的浓度。

当入射光强度 I_0 一定时,有:

$$F = Kc \tag{10-2}$$

式中,$K=\Phi I_0 L$。当荧光物质的浓度较大时,即吸光度≥0.05 时,荧光强度与其浓度的关系将偏离线性,这是由分子间互相碰撞造成荧光自身淬灭所致。

分子荧光光谱法的选择性强,主要适应于含有发生荧光基团的有机化合物的分析,如卟啉、6-氨基嘌呤、芘等大分子多环物质。分子荧光光谱法的灵敏度比原子吸收分光光度法高 2~3 个数量级,可测定 $10^{-7} \sim 10^{-9}$ mg·L^{-1} 的物质,常作为单分子检测的探针化合物。

10.2 分子荧光分光光度计

分子荧光分光光度计与紫外及可见分光光度计类似,由光源、单色器、样品室、光电倍增管和计算机数据处理部分组成,不同的是分子荧光分光光度计中的单色器有两个,一个是激发光单色器,一个是发射光(荧光)单色器,并且为了避免激发光导致的瑞利散射的影响,一般激发光路和发射光路以荧光池为中心互呈直角,光源多为氙弧灯光源。其光路图以日本日立公司生产的 FP-6500 型双光栅自动记录式荧光分光光度计为例加以说明,如图 10-1 所示。由光源氙弧灯发出的光通过切光器变成断续的光,由激发光单色器变成单色光后,作为荧光物质的激发光。被测的荧光物质在激发光照射下所发出的荧光,经过单色器色散后照射到光电倍增管上,光电流信号经放大后输出至记录仪。激发光单色器和发射光单色器的光栅均由电动机带动的凸轮所控制。

当测绘荧光发射光谱时,应固定激发光波长,仅让发射光单色器的凸轮转动,将各波长的荧光强度信号输出到记录仪上,即得到荧光光谱。

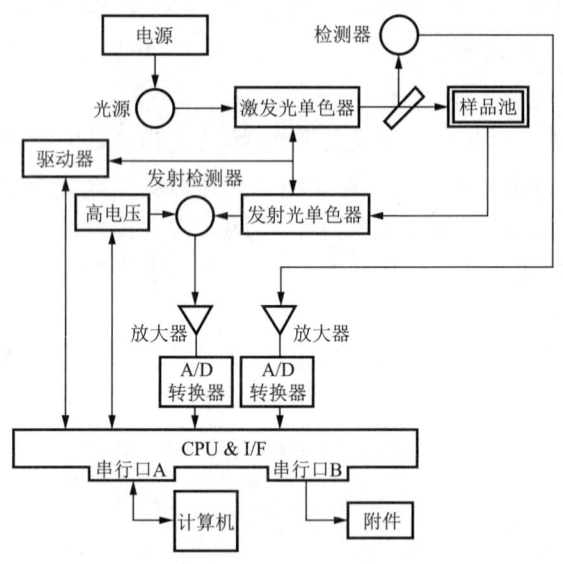

图 10-1　日本分光(JASCO)FP-6500 型荧光分光光度计组成示意图

测绘荧光激发光谱时,将发射光单色器的光栅固定在最适当的荧光波长处,只让激发光单色器的凸轮转动,将各波长的激发光强度信号输出至记录仪,所记录的光谱就是激发光谱。

当进行样品溶液的定量分析时,分别固定激发光波长和荧光测定波长,由记录仪可直接读出样品溶液的荧光强度。

测定荧光光谱时,液槽通常选用石英材料制成,因为玻璃液槽会吸收 323 nm 以下的紫外光,故不适用于荧光分析。

10.3 实验项目

实验 10-1　芘的荧光光谱测定

[实验目的]

(1) 通过测定芘的荧光光谱，了解溶剂极性和溶质浓度对荧光光谱的影响。

(2) 通过实验了解常用荧光探针芘的基本性质。

(3) 了解分子荧光光谱法的定性、定量分析方法及应用。

[实验原理]

一般情况下，与处于基态的分子相比，激发态分子与溶剂等周围介质的相互作用较强。因此，荧光光谱比紫外及可见吸收光谱更容易反映分子间的相互作用。芘及其诱导体就是具有代表性的荧光化合物，在生物化学中常作为微环境极性或黏度探针进行分子水平研究。

图 10-2 是单体芘的荧光光谱，在 370～400 nm 有 5 个振动精细峰，各峰的强度比随分子周围的环境极性变化而变化。尤其是第Ⅲ个峰和第Ⅰ个峰的峰强度比在极性大的环境中大，能敏锐地反映微环境极性变化。当溶液中芘的浓度增大时，激发态芘与基态芘形成激基二聚体，会在 480 nm 处产生激基二聚体的荧光发射峰。在激基二聚体的形成过程中，扩散步骤是慢反应，决定反应速率。

溶剂黏度越低，越容易生成激基二聚体。另外，激基二聚体生成后，激发态单体的浓度降低，单体荧光峰强度也随之降低。因此，可以认为产生激基二聚体是单体荧光的浓度猝灭所致。

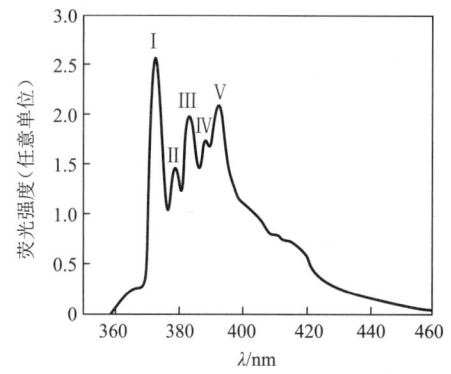

图 10-2　1×10^{-6} mol·L^{-1} 芘-乙醇溶液的荧光光谱

在观测浓度为几 mmol·L^{-1} 的浓溶液中的激基二聚体发光时，除生成激基二聚体导致的浓度猝灭外，激发光内部的屏蔽作用或荧光的再吸收也可能使单体峰处的荧光强度与芘溶液浓度不呈正比，尤其是单体的第一个荧光峰离其吸收光谱峰最近，最容易受到溶液对荧光的再吸收的影响。

[仪器与试剂]

(1) 仪器：分子荧光分光光度计(附 1 cm 荧光池)，1 台；容量瓶(1 L 1 只，500 mL 2 只，100 mL 2 只，50 mL 1 只，25 mL 6 只)；移液管(1 mL 3 支)；刻度移液管(10 mL 2 支)。

(2) 试剂：芘、乙醇、乙腈、环己烷，分析纯。

[实验步骤]

(1) 不同溶剂中 1.0×10^{-6} mol·L^{-1} 芘溶液的配制：准确称取 10 mg 芘溶解于适量乙醇中，用 100 mL 容量瓶加乙醇定容，摇匀备用。用移液管移取该溶液 1 mL 于 500 mL 容量瓶中，加乙醇定容，摇匀，得到 1.0×10^{-6} mol·L^{-1} 芘-乙醇溶液。同样，将溶剂换为乙腈，配制 1.0×10^{-6} mol·L^{-1} 芘-乙腈溶液。注意，更换荧光池中的溶液时，一定要用测定溶液多次重复冲洗荧光池。

(2) 不同浓度芘-环己烷溶液的配制:准确称取 0.10 g 芘溶解于适量环己烷中,用 50 mL 容量瓶定容,摇匀,得到 1.0×10^{-2} mol·L^{-1} 芘-环己烷溶液。分别移取此溶液 2.5,6.3,12.5 mL 至 25 mL 容量瓶中,加环己烷定容,得到 1.0×10^{-3},2.5×10^{-3},5.0×10^{-3} mol·L^{-1} 芘-环己烷溶液。再取 1.0×10^{-3} mol·L^{-1} 溶液 1 mL 加入到 1 L 容量瓶中,加环己烷定容,摇匀,得到 1.0×10^{-6} mol·L^{-1} 芘-环己烷溶液。分别取 1.0×10^{-6} mol·L^{-1} 溶液 2.5,6.3,12.5 mL 加入到 25 mL 容量瓶中,加环己烷定容,摇匀,得到 1.0×10^{-7},2.5×10^{-7},5.0×10^{-7} mol·L^{-1} 芘-环己烷溶液。

(3) 分子荧光分光光度计的激发波长设为 330 nm,激发狭缝设为 10 nm 以下,发射狭缝设为 1.5 nm 以下,发射光谱测定范围设为 350~600 nm。

(4) 将 1.0×10^{-6} mol·L^{-1} 芘-环己烷溶液移入荧光池内至 2/3 体积,放入仪器样品室,依据其荧光强度值调节仪器的灵敏度、光电倍增管的电压等参数,测定其荧光光谱。然后在同样仪器条件下,依次测定不同浓度(1.0×10^{-7},2.5×10^{-7},5.0×10^{-7},1.0×10^{-6},1.0×10^{-3},2.5×10^{-3},5.0×10^{-3},1.0×10^{-2} mol·L^{-1})的芘-环己烷溶液的荧光光谱。

(5) 依据 1.0×10^{-6} mol·L^{-1} 芘-乙醇溶液的荧光强度值重新调节仪器的灵敏度、光电倍增管的电压等参数,测定其荧光光谱。同样测定 1.0×10^{-6} mol·L^{-1} 芘-乙腈溶液的荧光光谱。

[数据处理]

(1) 由不同溶剂中 1.0×10^{-6} mol·L^{-1} 芘溶液的荧光光谱分别计算第Ⅲ个峰和第Ⅰ个峰的峰强度比。

(2) 由 1.0×10^{-7},2.5×10^{-7},5.0×10^{-7},1.0×10^{-6} mol·L^{-1} 芘-环己烷溶液的荧光光谱,以第Ⅰ个峰的荧光强度对溶液浓度作图。另外,由 1.0×10^{-3},2.5×10^{-3},5.0×10^{-3},1.0×10^{-2} mol·L^{-1} 芘-环己烷溶液的荧光光谱,再以第Ⅰ个峰的荧光强度对溶液浓度作图。

(3) 将 1.0×10^{-3},2.5×10^{-3},5.0×10^{-3},1.0×10^{-2} mol·L^{-1} 芘-环己烷溶液的荧光光谱重叠打印于同一张图纸上。

[附注]

分子荧光光谱法是高灵敏度的分析方法,溶液很稀,浓度一般在 1.0×10^{-6} mol·L^{-1} 量级。实验中应注意保持器皿洁净,溶剂纯度应为分析纯,实验用水需要使用二次重蒸水,并应注意杂质荧光的影响。

[思考题]

(1) 比较各溶剂的介电常数与第Ⅲ个峰和第Ⅰ个峰的峰强度比之间的关系。

(2) 比较稀溶液和浓溶液的荧光强度与溶液浓度的关系曲线,解释产生差异的原因。

(3) 比较不同浓度溶液的荧光光谱的形状。确认芘溶液浓度增加时荧光光谱的变化规律,并解释其原因。

实验 10-2 分子荧光标准曲线法定量测定荧光素钠

[实验目的]

(1) 掌握荧光物质的标准曲线法定量分析的操作方法和原理。

(2) 了解分子荧光光谱法定量分析与定性分析的特点及方法。

(3) 熟悉荧光/磷光/分子发光光度计定量法测量软件的数据处理。

[实验原理]

含有荧光基团的化学物质分子吸收了辐射能成为激发态分子,再从激发态返回基态时,发射光的波长比吸收的入射光波长更长,分子荧光就是发光方式中较常见的光致发光。在一定频率和一定强度的激发光照射下,当溶液的浓度很小且光被吸收的分数也不太大时,稀溶液体系将符合朗伯-比耳定律,该溶液所产生的荧光强度 F 与溶液中这种荧光物质的浓度 c 呈线性关系,可用公式表示为:

$$F = \Phi I_0 cL \tag{10-3}$$

当入射光强度 I_0 一定时,取 $K = \Phi I_0 L$,有:

$$F = Kc \tag{10-4}$$

式中 Φ——荧光效率;

K——荧光分子的发光系数;

L——液槽厚度;

c——荧光物质的浓度。

二氯荧光素在酸性体系中具有强的荧光特性,它的激发波长为 496 nm,发射波长为 518 nm。在稀溶液体系中,二氯荧光素溶液的荧光强度与荧光物质浓度呈正比。分子荧光标准曲线法是取一定已知浓度的标准物质与待分析试样溶液经过相同的处理后,配制成一系列标准溶液,测定其荧光强度,并以荧光强度为纵坐标,以标准溶液浓度为横坐标绘制其工作曲线,再由所测出的试样溶液的荧光强度从工作曲线上查得其相应的浓度,从而求出试样溶液中该被分析检测物质的实际浓度。此法适用于痕量分析,并且标准溶液和试样溶液的荧光强度必须是荧光仪已扣除空白溶液荧光强度的读数。

[仪器与试剂]

(1) 荧光/磷光/分子发光光度计(LS55,美国 PerkinElmer 公司生产)。

(2) 二氯荧光素($0.50\ \mu g \cdot mL^{-1}$)标准储备液:称取 0.010 0 g 二氯荧光素(分析纯),加入 $1\ mol \cdot L^{-1}$ 氢氧化钠 5 mL 和 $1\ mol \cdot L^{-1}$ 盐酸 3 mL 溶解后,转移至 100 mL 容量瓶中,用二次蒸馏水稀释至刻度,摇匀,备用;取 0.50 mL 上述溶液,转移至 100 mL 容量瓶中稀释至刻度,配成所需储备液。

(3) 荧光素钠待测试样。

(4) 四面通石英比色皿(10 mm×10 mm),1 只。

(5) 1 mL,2 mL 刻度移液管,各 1 支。

(6) 5 mL 具塞刻度试管,6 支。

(7) 洗耳球、洗瓶、镜头纸、二次蒸馏水。

[实验步骤]

(1) 配制标准溶液系列:在 6 支 5 mL 具塞刻度试管内按表 10-1 所列数据移取 $0.50\ \mu g \cdot mL^{-1}$ 的标准二氯荧光素标准储备液。

(2) 打开计算机、打印机和 LS55 荧光/磷光/分子发光光度计,预热 5 min。

(3) 进行仪器初始化。

表 10-1　二氯荧光素标准溶液配制表

5 mL 具塞刻度试管编号	需要移取的标准储备液量/mL	配制的溶液质量浓度/(μg·mL^{-1})
标准溶液 1#	0.0	0.00
标准溶液 2#	0.2	0.02
标准溶液 3#	0.4	0.04
标准溶液 4#	0.6	0.06
标准溶液 5#	0.8	0.08
标准溶液 6#	1.0	0.10

(4) 选择定量分析测量参数。在参数设置窗口中,选择安装激发波长为 505 nm,发射波长为 523 nm,激发/发射光狭缝分别为 5,时间积分为 10。发射波长过滤选择"打开"。

(5) 绘制二氯荧光素的标准工作曲线。采用多点标准曲线法,此时曲线的截距不通过零点。测量系列二氯荧光素标准溶液的荧光强度与浓度的关系曲线。

(6) 荧光素钠未知待测样含量的测定。移取适量所配制好的荧光素钠未知浓度的稀溶液,在与标准系列溶液同样的条件下测量该待测试样溶液的浓度。

[数据处理]

打印出所测量的工作曲线、测量条件参数,列出未知待测试样的浓度和强度。

[思考题]

(1) 试述荧光发光光度计定量测量模式的特点。

(2) 影响分子荧光定量分析准确性的因素有哪些?在分析过程中应注意哪些问题?

第 11 章 气相色谱分析法

11.1 方法原理

色谱(Chromatography)法又称色层法或层析法,是一种物理化学分析方法,它利用不同溶质(组分)与固定相和流动相之间作用力(吸附、分配、离子交换等)的差别,当两相做相对移动时,各溶质在两相间进行多次平衡分配,使各溶质达到相互分离。

在色谱法中,静止不动的一相(固体或液体)称为固定相(Stationary phase),运动的一相(一般是气体或液体)称为流动相(Mobile phase)。按流动相的不同,可分为气相色谱法和液相色谱法。其中,气相色谱法是以气体为流动相的柱色谱法。柱色谱法根据色谱柱的不同,又可分为填充柱色谱法和毛细管色谱法,其中毛细管色谱法由于柱效很高,所以应用更加普及。气相色谱法的研究对象多为气体或易于转化为气体的液体或固体样品,对于不易汽化或对热不稳定的物质则无能为力。为了更好地解决高沸点样品及生物、生化样品的分离分析问题,需要可在室温或低温条件下工作的、以液体为流动相的液相色谱法。

色谱仪将样品中的各组分按其特性和含量依次绘出由色谱峰组成的色谱流出曲线。通过色谱流出曲线可以得到组分保留时间、色谱峰面积等重要信息。色谱的定性分析通常采用标准物质对照法,即在相同的条件下,当待测物质的保留值与某标准物质的保留值相同时,可认为待测物质与某标准物质是同一种物质。当缺少标准物质时,也可以用相对保留值进行定性分析。在仪器联用技术高度发展的今天,利用红外、质谱等大型仪器的强鉴定能力,能够可靠地解决色谱定性问题。

色谱定量分析的依据是组分色谱峰的面积与进样量(或含量)呈正比。但由于检测器对不同组分有不同的响应灵敏度,所以定量分析时应对峰面积进行校正。色谱定量分析检测的是待测组分的百分含量,方法分为归一化法、内标法、外标法等,但每种方法都有其应用条件和使用特点,应谨慎选用。

色谱法具有分离效能高、灵敏度高、分析速度快、应用领域广等特点,并且随着分析任务的变化而不断革新,成为科学研究、产品质量检测与控制、环境保护等领域的重要工具,越来越受到关注。

11.2 气相色谱仪

11.2.1 气相色谱仪流程

气相色谱仪主要由载气系统、进样系统、分离系统、控温系统、检测系统五部分组成。目前色谱柱多采用柱效极高的空心毛细管柱,由于毛细管色谱柱容量低,载气系统增加了分流装置。另外由于分流后载气流速变慢,通过增加尾吹装置可提高检测灵敏度和加快被测组分流出检测器的速度。具有分流和尾吹装置的气相色谱仪流程如图 11-1 所示。分流和尾吹装置工作原理示意图如图 11-2 所示。

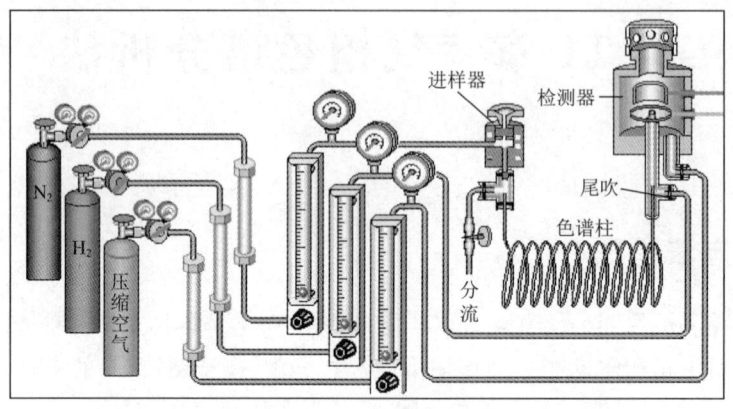

图 11-1 具有分流和尾吹装置的气相色谱仪流程图

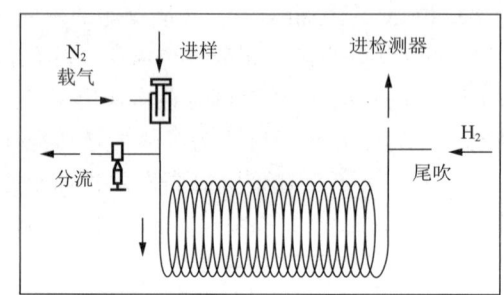

图 11-2 分流和尾吹装置工作原理示意图

由于毛细管柱内径很细,一般为 0.2~0.5 mm,因而带来三个问题:

(1) 允许通过的载气流量很小。

(2) 柱容量很小,允许的进样量小。

以上两个问题的解决都要依靠分流技术,通过调节分流比使进样量小于柱容量,并降低载气流速。

(3) 分流后,柱后流出的试样组分量少、流速慢。解决方法:采用灵敏度高的氢焰检测器和尾吹技术。

所谓分流比,是指放空的试样量与进入毛细管柱的试样量之比,一般在 50∶1~500∶1 之间调节。

11.2.2 注射器及进样操作

气相色谱法常用注射器手动进样。气体试样一般使用 50,100 μL 的注射器和 0.25, 1 mL 的医用注射器;液体进样则使用 0.5,1,5,10 μL 的微量注射器。

1) 微量注射器

微量注射器是很精密的器件,容量精度高,误差小于 5%,气密性达 2 kg·cm^{-2}。图

11-3(a)是有死角的固定针尖式注射器,10~100 μL 的注射器采用这一结构。它的针头有寄存容量,吸取溶液时容量会比标定值增加 1.5 μL 左右。图 11-3(b)是无死角的注射器,注射器的芯子是直径为 0.1~0.15 mm 的不锈钢丝直通到针尖,没有寄存容量,0.5~1 μL 的微量注射器大多采用这一结构。

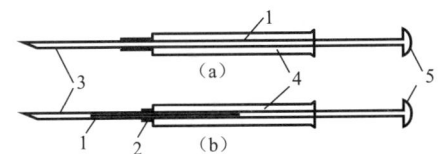

图 11-3 微量注射器的结构

1—不锈钢丝芯子;2—硅橡胶垫圈;3—针头;4—玻璃管;5—顶盖

使用微量注射器时应注意以下几点:

(1)微量注射器是易碎器械,使用时应多加小心。不用时要洗净放入盒内,不要随便玩弄,来回空抽,否则会造成严重磨损,损坏气密性,降低准确度。

(2)注射器在使用前要用丙酮等溶剂清洗。当试样中的高沸点物质污染了注射器时,一般可用下述溶液依次清洗:5%氢氧化钠水溶液、蒸馏水、丙酮、氯仿,最后用吹风机吹干。不宜使用强酸性溶液洗涤。

(3)对图 11-3(a)所示的注射器,若遇针尖堵塞,宜用直径为 0.1 mm 的细钢丝耐心穿通,不能采用火烧的办法,以防止针尖因退火而失去穿透能力。

(4)若不慎将注射器芯子全部拉出,则应根据其结构小心装配。

2)注射器操作要点

进样操作是用注射器取定量试样,由针刺穿进样器的硅橡胶密封垫圈注入试样。此法进样的特点是使用灵活;缺点是重复性差,相对误差为 2%~5%,而且硅橡胶密封垫圈在使用几十次进样后容易漏气,需及时更换。

用注射器取液体试样时,应先用少量试样洗涤几次,再慢慢抽入试样,并稍多于需要量。如果内有气泡,则应将针头朝上,使气泡上升排出,再用无棉的纤维纸(如擦镜纸)吸去针头外所沾试样。注意:切勿吸掉针头外的试样。

取气体试样时也应洗涤注射器。取样时,应将注射器插入有一定压力的试样气体容器中,使注射器芯子慢慢自动顶出,直至所需体积,以保证取样正确。

取好样后应立即进样。进样时,注射器应与进样口垂直,针头刺穿硅橡胶密封垫圈并插到底,紧接着迅速注入试样,完成后立即拔出注射器。整套动作应进行得稳当、连贯、迅速。针尖在进样器中的位置、插入速度、停留时间和拔出速度等都会影响进样的重复性,操作中应予注意。

微量注射器的进样手势如图 11-4 所示。进样时应用一只手扶住针头,帮助进针,以防针弯曲。

用医用注射器进气体试样时,应防止注射器芯子移位,可以用拿注射器手的食指卡在芯子与外管的交界处,以固定它们的相对位置,从而保证进样量的准确。

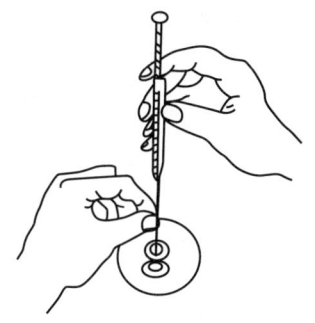

图 11-4 微量注射器的进样手势

11.2.3 氢焰检测器的结构

氢焰检测器(FID)的结构如图 11-5 所示。

(1) 在发射极和收集极之间加有一定的直流电压(100～300 V),构成一个外加电场。

(2) 氢焰检测器需要用到三种气体。

① N_2:载气,携带试样组分。

② H_2:燃气。

③ 空气:助燃气。

使用时需要调整三者的比例关系,使检测器灵敏度达到最佳。

(3) 影响氢焰检测器灵敏度的因素有以下几种。

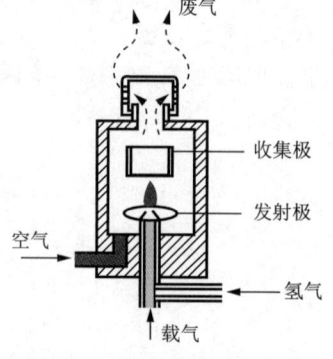

图 11-5 氢焰检测器的结构

① 各种气体的流速和配比:N_2 流速的选择主要考虑分离效能,$V(N_2):V(H_2)=1:1$～$1:1.5$(体积比),$V(H_2):V(空气)=1:10$(体积比)。

② 极化电压:正常极化电压应选择在 100～300 V 范围内。

11.3 实验项目

实验 11-1 载气流速及柱温变化对分离度的影响

[实验目的]

(1) 了解气相色谱仪的组成及各部件的功能。

(2) 进一步理解分离度的概念,掌握分离度的计算方法。

(3) 了解实验条件的选择对色谱分析的重要性。

[实验原理]

理论塔板数(n)或有效理论塔板数($n_{有效}$)是衡量柱效的重要指标。从理论上来说,理论塔板数越多,柱效越高,但理论塔板数多到什么程度才能满足实际分离的要求,一般很难给出确切的定量指标。分离度(R)可以作为色谱柱总分离效能的量化指标,因为它从本质上反映了热力学和动力学两方面的因素。

分离度主要是针对两个相邻色谱峰而言的,在混合物中一般指"难分离物质对",相邻两峰之间的保留时间差别越大越有利于分离,两峰的峰宽越窄越有利于分离。因此,按定义来说,分离度 R 正比于相邻两峰保留值之差,反比于两峰峰底宽度加和之半,如下式所示:

$$R = \frac{t_{R_2} - t_{R_1}}{\frac{1}{2}(Y_1 + Y_2)} \tag{11-1}$$

或

$$R = \frac{2(t_{R_2} - t_{R_1})}{1.799(Y_{\frac{1}{2},1} + Y_{\frac{1}{2},2})} \tag{11-2}$$

式中 t_{R_1},t_{R_2}——组分 1 和 2 的保留时间;

Y_1,Y_2——组分 1 和 2 的峰底宽度;

$Y_{\frac{1}{2},1}$, $Y_{\frac{1}{2},2}$——组分 1 和 2 的半峰宽。

式(11-1)和式(11-2)的物理意义相同，数值也相同。两组分保留值差别的大小取决于固定相的性质，即色谱柱的选择性，而色谱峰的宽窄主要是动力学问题，也是柱效的表征问题。因此，分离度与固定相的选择性和柱效有密切的关系，从分离度的基本定义可以推导出下式：

$$R = \frac{1}{4}\sqrt{n}\,\frac{\alpha-1}{\alpha}\,\frac{k}{1+k} \tag{11-3}$$

式中 α——色谱柱的选择性，也称相对保留值(也可用 γ_{21} 表示)，可以定量地描述色谱体系中两种物质迁移速率不同的特性；

k——容量因子。

相对保留值的定义为：

$$\alpha = \frac{t'_{R_2}}{t'_{R_1}} = \frac{t_{R_2}-t_M}{t_{R_1}-t_M} = \frac{k_2}{k_1} \tag{11-4}$$

式中 t'_{R_1}, t'_{R_2}——组分 1 和 2 的调整保留时间；

t_{R_1}, t_{R_2}——组分 1 和 2 的保留时间；

t_M——空气的保留时间；

k_1, k_2——组分 1 和 2 的容量因子。

容量因子是指组分在固定相中的质量(W_s)和分配在气相中的质量(W_g)之比，以 k 表示，如下式所示：

$$k = \frac{W_s}{W_g} = \frac{t'_R}{t_M} \tag{11-5}$$

式中，k 值主要由组分和固定相的性质所决定，也可以通过 t'_R 和 t_M 进行计算。

从式(11-3)可以看出，分离度 R 是塔板数(n)、相对保留值(α)及容量因子(k)的函数，因此可通过调整柱温、流速和气、液体积等因素来改变 n 或 α 或 k，从而达到改善分离度的目的。

[仪器与试剂]

(1) 气相色谱仪，带热导检测器，1 台。

(2) 色谱柱：10% PEG-2000(80~100 目，Φ4 mm×2 m)。

(3) 载气：氢气。

(4) 乙醇、丙醇、丁醇标准样品及未知混合样品。

[实验步骤]

(1) 打开载气，确保载气流经热导检测器，并调整流速为 40 mL·min^{-1}。

(2) 打开汽化室、柱箱、检测器的控温装置，将温度分别调整在 150，100，120 ℃。

(3) 将桥路电流调至 100 mA。

(4) 打开色谱处理机，输入测量参数。

(5) 待仪器稳定后，注入 2 μL 未知混合样品，记录保留时间和半峰宽。

(6) 分别注入 0.5 μL 乙醇、丙醇、丁醇标准样品，记录保留时间。

(7) 注入空气，记录保留时间。

(8) 柱温分别恒温在 90，110，130 ℃，重复测量未知混合样品和空气的保留时间以及半峰宽(流速为 40 mL·min^{-1})。

(9) 在合适的柱温下分别调整流速为 20,60,80,100 mL·min^{-1},重复测量未知混合样品和空气的保留时间以及半峰宽。

(10) 实验结束后关闭电源,待柱温降至室温后关闭载气。

[数据处理]

(1) 在给定的柱温和流速下分别计算丙醇和乙醇、丙醇和丁醇的分离度 R。

(2) 计算改变柱温后丙醇和乙醇、丙醇和丁醇的分离度 R。

(3) 计算改变流速后丙醇和乙醇、丙醇和丁醇的分离度 R。

(4) 在给定条件下,如果使丙醇与相邻两峰的分离度 $R=1.5$,则所需要的柱长是多少(塔板高度 $H=12$ mm)?

[附注]

(1) 改变柱温和流速后,应待仪器稳定后再进样。

(2) 当使用记录仪时,为了保证峰宽测量的准确,应采用适当的记录纸速度。

(3) 控制柱温的升温速率,切忌过快,以保持色谱柱的稳定性。

[思考题]

(1) 分离度是不是越高越好?为什么?

(2) 影响分离度的因素有哪些?提高分离度的途径是什么?

(3) k 值的最佳范围在 2~5 之间,如何来调整?

实验 11-2 内标法测定正丁醇的含量

[实验目的]

(1) 了解气相色谱仪的基本结构和使用毛细管色谱柱的操作要点。

(2) 学习启动、调试气相色谱仪的主要步骤和方法。

(3) 学习内标法测定组分含量。

[实验原理]

对于试样中少量杂质的测定,或试样中某些组分的测定,可采用内标法进行定量分析。

选择适宜的物质作为待测组分的内标物,定量加到样品中去,依据待测组分和参比物在检测器上的响应值(峰面积或峰高)之比和参比物加入的量进行定量分析的方法称为内标法。

内标物应是原样品中不存在的纯物质,该物质的性质应尽可能与待测组分相近,不与被测样品起化学反应,同时要能完全溶于被测样品中。内标物的峰应尽可能接近待测组分的峰,或位于几个待测组分的峰中间,但必须与样品中的所有峰不重叠,即完全分开。内标物的量应与待测组分相近。

当试样中有的组分不出峰,或有的峰难以定性,或只要求测定试样中某个或某几个组分时,可用内标法定量。

分析时先将试样准确称重,再加入适量的内标物准确称量,混合均匀后即可取样进行色谱分析,出峰后分别测得内标物与待测组分的峰面积,并按下式计算待测组分的含量:

$$W_i = \frac{A_i f_i W_s}{A_s f_s W} \times 100\% \tag{11-6}$$

式中 W_i——待测组分的百分含量;

A_i, A_s——待测组分及内标物的峰面积;

f_i, f_s——待测组分及内标物的质量校正因子,可查手册或通过实验测定;

W_s, W——内标物及试样质量。

[仪器与试剂]

(1) SP-2000型气相色谱仪及色谱工作站,鲁南瑞虹分析仪器公司,1台。

(2) 弹性石英毛细管柱(SE-54,Φ0.32 mm×30 m)。

(3) 氢气、氮气钢瓶,空气泵等。

(4) 1 μL微量注射器,容量瓶,分析天平。

(5) 正丙醇(色谱纯或分析纯),含有正丁醇的乙醇溶液。

[实验步骤]

(1) 在已称重的容量瓶中加入内标物正丙醇,准确称量后再加入待测试样,然后称出总质量。(实验室已备好)

(2) 熟悉气相色谱仪及色谱工作站,明确气路上各调节旋钮的作用,注意不得随意转动旋钮。

(3) 气相色谱仪通载气(N_2) 30 min,充分赶净色谱柱中的氧气后,检查氢火焰离子化检测器灵敏度、衰减参数设置,以及柱箱、检测器、汽化室等温度参数设置是否正确,然后按恒温运行键。

(4) 打开色谱工作站,确定数据处理方法中的各项指标后,使色谱工作站处于查看基线工作状态。

(5) 氢火焰离子化检测器(FID)温度达120 ℃后,调节空气及氢气旋钮,先使空气流量小于300 mL·min^{-1},氢气流量大于30 mL·min^{-1},以易于点火。点火后观察基线有无波动,若有波动一般说明点火成功。将空气流量调准为300 mL·min^{-1},氢气流量调为30 mL·min^{-1}(以压力表的相应值为准)。

(6) 待基线稳定后,将色谱工作站处于等待采集数据状态,注意取样时间范围应与方法设定中的一致。取已加入内标物的试样0.2 μL注入汽化室(注意正确操作,防止损坏注射器或被检测器烫伤),同时按动遥控按钮,待数据采集结束后打印报告或记录实验数据。

[数据处理]

(1) 根据同系物出峰的规律,判断出乙醇、正丙醇、正丁醇三个色谱峰的位置,查出正丙醇和正丁醇的峰面积,利用式(11-6)计算正丙醇的含量,内标物及试样的质量由实验室给出。正丁醇相对于正丙醇的校正因子为0.92。

(2) 记录色谱操作条件,包括色谱柱的固定相的种类、柱长、内径,以及柱温、检测器温度、汽化室温度、流速、灵敏度等(见表11-1)。

表11-1 色谱条件记录表

固定相的种类	柱 长	内 径	检测器温度	汽化室温度	柱 温	灵敏度	柱前压

[思考题]

(1) 在色谱定量分析时为什么要用校正因子?如何实验测定正丁醇相对于正丙醇的校

正因子?

(2) 内标法有什么优缺点?

(3) 实验中是否要严格控制进样量?为什么?

[实验扩展]

(1) 改变色谱柱箱温度,观察色谱峰的变化。

(2) 改变载气流速,观察色谱峰的变化。

实验 11-3 内标法定量分析正己烷中的微量环己烷

[实验目的]

(1) 了解内标法的定量原理以及选择内标物的原则。

(2) 学会用内标法进行定量分析的实验技术。

(3) 熟悉氢火焰离子化检测器的特点和使用方法。

[实验原理]

内标法也是常用的一种比较准确的定量方法,当样品中的所有组分因各种原因不能全部流出色谱柱,或检测器不能对各组分都有响应,或只需测定样品中某几个组分时,可采用内标法进行定量分析。内标法的原理是:准确称取一定量样品,加入一定量的内标物,根据被测物和内标物的质量及其在色谱图上的峰面积比,求出被测组分的含量,计算式如下:

$$W_i = \frac{A_i f_i W_s}{A_s f_s W_m} \times 100\% \tag{11-7}$$

式中　W_i——组分 i 的质量分数;

　　　W_m, W_s——样品和内标物的质量;

　　　A_i, A_s——待测组分和内标物的峰面积;

　　　f_i, f_s——待测组分和内标物的相对校正因子。

内标法要求选择一个适宜的内标物,它在样品中不存在,当加入内标物进行色谱分离时,在色谱图上它的峰应与被测组分的峰靠近并与其他组分的峰完全分离。内标物的量也应与被测组分的量相当,以提高定量分析的准确度。

[仪器与试剂]

(1) 气相色谱仪,带氢火焰离子化检测器,1 台。

(2) 色谱柱:SE-30 填充柱(80～100 目,$\Phi 4$ mm×2 m)。

(3) 氢气(H_2)、氮气(N_2)、压缩空气。

(4) 正己烷、环己烷。

(5) 甲苯。

(6) 未知样品。

[实验步骤]

(1) 通载气 N_2,调节流速为 30 mL·min^{-1}。

(2) 设置汽化室、柱箱、检测器温度分别为 150,95,250 ℃,并开始升温。

(3) 通 H_2 和压缩空气,流速分别为 45 mL·min^{-1} 和 400 mL·min^{-1}。

(4) 启动点火装置并检查氢火焰是否已被点燃。

(5) 输入色谱工作站的定性和定量参数及程序。
(6) 待色谱仪稳定后,用微量注射器注入未知样 0.5 μL,记录保留时间。
(7) 将 0.2 μL 环己烷和正己烷的标样分别注入色谱柱,记下各自的保留时间。
(8) 注入 1 μL 按质量法配置的已知浓度的正己烷、环己烷、甲苯混合物标样,记录保留时间和峰面积。此步骤重复 3 次(用于计算组分的校正因子)。
(9) 称量待测物质量 W_m。
(10) 称量内标物质量 W_s,加入上述待测物中并混合均匀。
(11) 取 1 μL 含有内标物的待测样品注入色谱柱,记录保留时间和峰面积。此步骤重复 3 次。
(12) 实验结束后依次关闭电源、氢气、压缩空气,待柱温降至室温后关闭载气。

[数据处理]
(1) 列表整理保留时间和峰面积的数据。
(2) 计算校正因子(绝对校正因子和相对校正因子)。
(3) 计算环己烷的含量。

[附注]
(1) 在点燃氢火焰离子化检测器时,可先通入氢气,以排除气路中的空气。然后通入大于 45 mL·min^{-1} 的氢气和小于 400 mL·min^{-1} 的空气(这样容易点燃),点燃后再调整到工作流速。
(2) 检测器的灵敏度范围设置要适当,以保持稳定的基线。
(3) 切忌将大量氢气排入室内。

[思考题]
(1) 实验中选取甲苯为内标物是否合适?为什么?
(2) 在内标法中,当内标物质量(W_s)与样品质量(W_m)之比一定,即 $f_i W_s/(f_s W_m)$ 为一常数时,内标法的计算和操作是否可以得到简化?

实验 11-4 程序升温色谱法测定石油醚中各组分含量

[实验目的]
(1) 学习气相色谱程序升温分析方法。
(2) 学习归一化法测定组分含量。
(3) 了解汽油组分的测定方法。

[实验原理]
气相色谱分析中,色谱柱的温度控制方式分为恒温和程序升温两种。程序升温具有改善分离效果、使峰变窄、检测限下降及省时等优点。因此,对于沸点范围很宽的混合物,往往采用程序升温法进行分析。

现代气相色谱仪都装有程序升温控制系统,它是解决复杂样品分离的重要技术。恒温气相色谱的柱温通常恒定在各组分的平均沸点附近。如果一个混合样品中各组分的沸点相差很大,那么采用恒温气相色谱就会出现低沸点组分出峰太快,且相互重叠,而高沸点组分则出峰太晚,使峰形展宽和分析时间过长。程序升温气相色谱就是在分离过程中逐渐增加柱温,使所有组分都能在各自的最佳温度下洗脱。

程序升温方式可根据样品组分的沸点采用线性升温或非线性升温。图 11-6 是几种不同的程序升温方式。

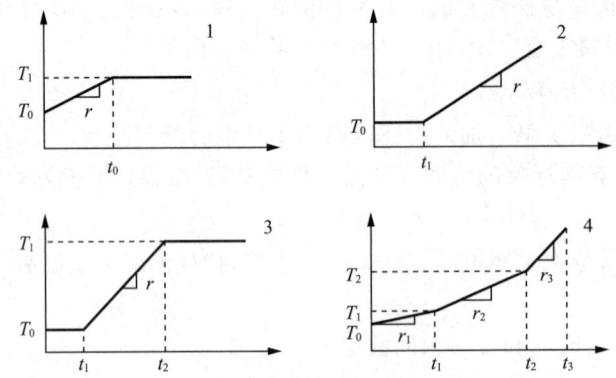

图 11-6 不同程序升温方式(温度-时间变化曲线)

T—柱温(℃);T_0—起始柱温(℃);t—时间(min);r—升温速率(℃·min^{-1})

很多石油化工样品的分析都可采用归一化法定量。用归一化法测定时,试样应符合下列条件:

(1) 样品中所有物质都从色谱柱中流出;
(2) 样品中所有物质在检测器上都有响应。

归一化法简便、准确,进样量的准确性和操作条件的变动对测定结果影响不大,但仅适用于试样中所有组分全出峰的情况。其计算公式为:

$$c_i = \frac{m_i}{m_1 + m_2 + \cdots + m_n} \times 100\% = \frac{f'_i A_i}{\sum_{i=1}^{n}(f'_i A_i)} \times 100\% \tag{11-8}$$

[仪器与试剂]

(1) SP-2000 型气相色谱仪及色谱工作站,鲁南瑞虹分析仪器公司,1 台。
(2) 弹性石英毛细管柱(PONA)。
(3) 氢气、氮气钢瓶,空气泵等。
(4) 1 μL 微量注射器。
(5) 正己烷(色谱纯或分析纯)。
(6) 石油醚。

[实验步骤]

(1) 准备实验样品。(实验室已备好)
(2) 熟悉气相色谱仪及色谱工作站,明确气路上各调节旋钮的作用,注意不得随意转动旋钮。
(3) 气相色谱仪通载气(N_2) 30 min,充分赶净色谱柱中的氧气后,检查氢焰检测器灵敏度、衰减参数设置,以及柱箱、检测器、汽化室等温度参数设置是否正确,然后按恒温运行键。
(4) 打开色谱工作站,确定数据处理方法中的各项指标后,使色谱工作站处于查看基线工作状态。
(5) 氢火焰离子化检测器(FID)温度达 220 ℃后,调节空气及氢气旋钮,先使空气流量小于 300 mL·min⁻¹,氢气流量大于 30 mL·min⁻¹,以易于点火。点火后观察基线有无波动,若有波动一般说明点火成功。将空气流量调为 300 mL·min⁻¹,氢气流量调为 30 mL·min⁻¹(以压力表的相应值为准)。

(6) 待基线稳定后,将色谱工作站处于等待采集数据状态,注意取样时间范围应与方法设定中的一致。取试样 $0.2~\mu L$ 注入汽化室(注意正确操作,防止损坏注射器或被检测器烫伤),同时按动遥控按钮,待数据采集结束后打印报告或记录实验数据。

[数据处理]

(1) 利用式(11-8)计算石油醚中各组分的含量。各物质校正因子设定为 1.00。

(2) 记录色谱操作条件,包括色谱柱的固定相的种类、柱长、内径,以及检测器温度、柱温(升温程序)、汽化室温度、流速、灵敏度等,见表 11-2。

表 11-2　色谱条件记录表

固定相的种类	柱　长	内　径	检测器温度	汽化室温度	柱　温	流　速	灵敏度

(3) 画出程序升温曲线。

图 11-7 所示为某一程序升温曲线。

(4) 列出正构烷烃分析结果。

表 11-3 列出了石油醚各组分的保留时间,根据保留时间和实测的峰面积可以确定样品中各组分的含量,并将它们列在表 11-3 中。

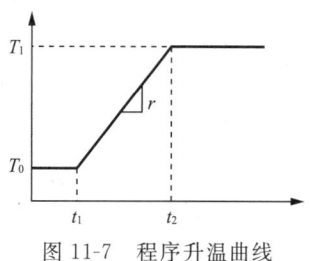

图 11-7　程序升温曲线

表 11-3　分析结果表(参考保留时间定性)

组　分	保留时间/min	含量(质量分数)/%	组　分	保留时间/min	含量(质量分数)/%
丙　烷	7.564		3-甲基戊烷	12.705	
异丁烷	7.939		正己烷	13.658	
正丁烷	8.246		2,2-二甲基戊烷	15.003	
2,2-二甲基丙烷	8.410		甲基环戊烷	15.294	
异戊烷	9.306		2,4-二甲基戊烷	15.373	
正戊烷	9.833		苯	16.821	
2,2-二甲基丁烷	10.855		环己烷	17.128	
环戊烷	11.952		2-甲基己烷	17.520	
2-甲基戊烷	12.121		3-甲基己烷	18.744	

[思考题]

(1) 使用归一化法定量必须满足什么条件?

(2) 实验中是否要严格控制进样量?为什么?

(3) 程序升温分析适合哪类样品?

实验 11-5　用校正归一化法测定天然气的组成

[实验目的]

(1) 了解色谱仪的结构及气路流程,熟悉热导检测器(TCD)的操作及使用。

(2) 学习一般注射器取样及进样技术。

(3) 掌握常用的归一化定量计算方法及多柱归一计算方法。

(4) 计算峰的分离度。

[实验原理]

当样品中全部组分都能从色谱柱流出,且在所用检测器上都产生信号,并已知各组分的摩尔校正因子时,可用下式计算某组分的体积分数 V_i:

$$V_i = \frac{A_i f_i}{A_1 f_1 + A_2 f_2 + \cdots + A_n f_n} \times 100\% \tag{11-9}$$

式中　f_i——某一组分的摩尔校正因子;

　　　A_i——某一组分的峰面积。

[仪器与试剂]

(1) SP-6800 型气相色谱仪,附热导检测器,鲁南瑞虹分析仪器公司。

(2) 色谱柱:① 长柱:长 9 m,内径 4 mm 的不锈钢管,内填 DIDP+DMS;② 短柱:长 3 m,内径 4 mm 的不锈钢管,内填 60~80 目 13X 分子筛。

(3) 色谱工作站:UP3000 色谱工作站[中国石油大学(华东)自主编程]。

(4) 注射器:1 mL。

(5) 取气瓶或球胆(使用球胆时应注意取样后立即分析)。

[实验步骤]

(1) 按下列条件调整好气相色谱仪。

① 载气:H_2;柱前压,长柱 0.15 MPa,短柱 0.05 MPa(视柱情况有所变化);流量 30 mL·min^{-1};柱箱温度:40 ℃。

② 汽化室温度:自选。

③ 检测器温度:110 ℃。

④ 衰减:自选。

⑤ TCD 极性:用于改变输出信号极性,保证色谱峰为正峰。

(2) 待仪器稳定后,用注射器分别在长柱和短柱进样口注入 0.5~1 mL 天然气样品,记录色谱图。

[数据处理]

天然气分析短柱、长柱色谱图如图 11-8、图 11-9 所示。

(1) 用色谱工作站积分读出各色谱峰面积。

(2) 读出谱图中各峰的保留时间。

(3) 用归一化法算出天然气中各种烃的体积分数。

(4) 计算正丁烷、异丁烷的分离度。

(5) 将有关数据制表(见表 11-4)。

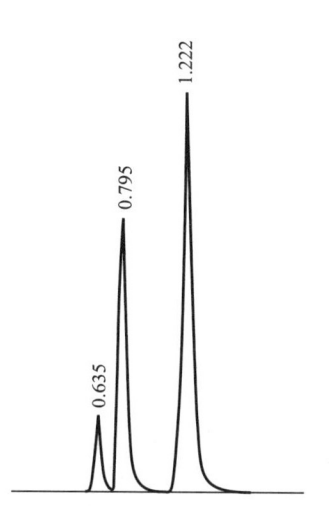

图 11-8 短柱分离氧气、氮气和甲烷典型色谱图
（按顺序依次为：氧气、氮气、甲烷）

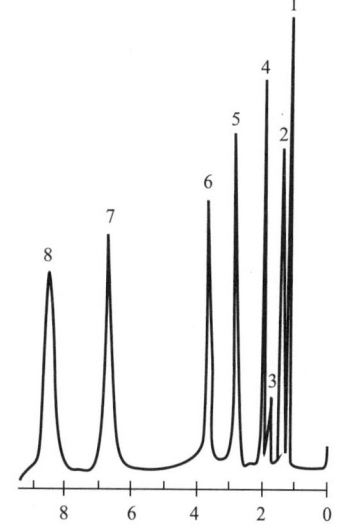

图 11-9 长柱典型色谱图
1—综合峰；2—乙烷；3—二氧化碳；4—丙烷；
5—异丁烷；6—正丁烷；7—异戊烷；8—正戊烷

表 11-4 归一化法分析天然气所得数据及计算结果

峰 号	综合峰			4	5	6	7	8	9	10
	1	2	3							
组分名称	氧气	氮气	甲烷	乙烷	CO_2	丙烷	异丁烷	正丁烷	异戊烷	正戊烷
t_R										
Y										
f_i		0.967 1	0.553 9	1.038 1	1.519 4	1.522 4	2.006 7	2.006 7	2.490 9	2.490 9
A_i										
$f_i \times A_i$										
$V_i / \%$										

注：① 长柱的综合峰包含短柱色谱峰的1,2,3组分；
② t_R 为组分保留时间；Y 为色谱峰峰底宽度；f_i 为摩尔校正因子；A_i 为色谱峰面积；V_i 为体积分数。

[思考题]

(1) 使用热导检测器操作，开机时应先给热导电桥通电还是先给热导池通载气？停机时应先停电还是先停气？为什么？

(2) 给定热导桥路电流时应注意哪些问题？电流大小有无限制？为什么？

(3) 六通阀定量管在取样与进样时载气流程是怎样安排的？为什么？

(4) 用一般注射器取样、进样时应注意哪些问题？

(5) 使用球胆取气样有什么缺点？应注意什么？

参 考 文 献

[1] 刘文钦,袁存光.仪器分析实验.东营:石油大学出版社,1993.
[2] 刘文钦.仪器分析.东营:石油大学出版社,1994.
[3] 陈培榕,李景虹,邓勃.现代仪器分析实验与技术.北京:清华大学出版社,2006.
[4] 刘密新,罗国安,张新荣,等.仪器分析.2版.北京:清华大学出版社,2002.
[5] 武汉大学化学与分子科学学院实验中心.仪器分析实验.武汉:武汉大学出版社,2005.
[6] 钱晓荣,郁桂云.仪器分析实验教程.上海:华东理工大学出版社,2009.
[7] 北京师范大学《基础仪器分析实验》编写组.基础仪器分析实验.北京:北京师范大学出版社,1985.
[8] 北京大学化学系分析化学教研组.基础分析化学实验.北京:北京大学出版社,1993.
[9] 复旦大学《仪器分析实验》编写组.仪器分析实验.上海:复旦大学出版社,1986.
[10] 韩喜江.现代仪器分析实验.哈尔滨:哈尔滨工业大学出版社,2008.
[11] 杨万龙,李文友.仪器分析实验与技术.北京:科学出版社,2008.
[12] 张剑荣,戚苓,方惠群.仪器分析实验.北京:科学出版社,1999.
[13] 魏福祥.仪器分析实验.北京:中国石化出版社,2013.
[14] 邓勃.数理统计方法在化学分析中的应用.北京:化学工业出版社,1981.
[15] 郑用熙.分析化学中的数理统计方法.北京:科学出版社,1986.
[16] 刘洪来,任玉杰.实验化学原理与方法.北京:化学工业出版社,2007.